Cálculo Integral

Integrales Resueltas por Técnicas de Integración

Francis A. Mora Ferreras

Todos los derechos reservados

Resumen

Este texto no es más, que una recopilación de ejercicios de algunos de los libros clasicos usados para un primer curso de cálculo integral. Se supone que el lector esta o a tomado un curso de cálculo diferencial e integral.

Se presenta una serie de ejercicios **resueltos** de manera clara y concreta. Siendo así este texto no más que un material de apoyo. En la bibliografía se encuentran los textos consultados para elaborar este material. Siendo de ellos de donde se tomaron los ejercicios a resolver.

4

Contenido

1 Integral Indefinida   7
    1.1 Teorema fundamental del Cálculo 9
    1.2 Método de sustitución 14

2 Integración por Partes   23

3 Integrales Trigonométricas   43
    3.1 Producto de seno y coseno con argumentos distintos 43
       3.1.1   Integral de la forma $\int \sin nx \cos mx\, dx$ 43
       3.1.2   Integral de la forma $\int \sin nx \sin mx\, dx$ ó $\int \cos nx \cos mx\, dx$ 44
    3.2 Productos de pontencias de seno y coseno 47
    3.3 Producto de potencias de tangente y secante 55
    3.4 Integración por sustituciones trigonométricas 58

4 Integración de funciones racionales por medio de fracciones parciales   71

5 Expresión racional de seno y coseno   85

6 Integración de diferencias binomicas   95

Capítulo 1

Integral Indefinida

En el concepto de derivación, dada una función $F(x)$, el operador $dF(x)/dx$ se indica que se obtendra una función $f(x)$ que es la derivada de la función $F(x)$. Siendo F conocida, la función f es equivalente a

$$\frac{d}{dx}F(x) = F'(x) = f(x)$$

Ahora supongamos que conocemos $f(x)$, que es la derivada de alguna función $y = F(x)$ que no conocemos. Buscar esa función $F(x)$ es conocido como buscar una primitiva o antiderivada de la función $f(x)$; que es una operción inversa a la derivación. La antiderivada es buscar una función $F(x) \ni$

$$F'(x) = f(x)$$

Definición 1.1 *Si $F'(x) = f(x)$, $\forall x \in (a,b)$, entonces $F(x)$ es una antiderivada de f en (a,b).*

Para esto se emplea el símbolo $\int$ que se lee integral; de manera que $\int f(x)dx$ se leera como:

la integral de $f(x)$ con respecto de x.

Fijese que si $F'(x) = f(x)$ y C una constante cualquiera, entonces

$$\frac{d}{dx}(F(x) + C) = F'(x) = f(x)$$

entonces $f(x)dx = d(F(x)+C)$, por tanto

$$\int f(x)dx = F(x)+C$$

Esto es que cualesquieras dos antiderivadas de f difieren en una constante.

Teorema 1.0.1 *Si $F(x)$ y $G(x)$ son antiderivadas de f en (a,b), entonces $F(x) = G(x)+C$*

Demos.
Por hipotesis $F'(x) = f(x)$ y $G'(x) = f(x)$ $\quad \forall x \in (a,b)$, entonces

$$F'(x) = G'(x) = f(x); \quad \forall x \in (a,b)$$

por lo que

$$\frac{d(F-G)}{dx}(x) = 0$$

entonces

$$F(x) - G(x) = C, \quad C \in \mathbb{R}$$

$$\therefore F(x) = G(x)+C \quad \blacksquare$$

1.1. Teorema fundamental del Cálculo

Teorema 1.1.1 (Valor intermedio)
Si $f : (a,b) \to \mathbb{R} \ni (c \in \mathbb{R})$

1. f es continua en (a,b).

2. $f(x_1) < c < f(x_2), \quad \forall x_1, x_2 \in (a,b)$.

$\implies \exists x_0 \in (a,b) \ni f(x_0) = c$

Teorema 1.1.2 (Valor medio para integrales)
Si $f : I \to \mathbb{R}, I = [a,b] \subset \mathbb{R} \ni f$ es continua en $I \implies \exists c \in (a,b) \ni$

$$\frac{1}{b-a} \int_a^b f(x)dx = f(c)$$

Demos.
Puesto que f es continua en $I \implies \exists m$ y $M > 0 \ni$

$$m \leqslant f(x) \leqslant M, \quad \forall x \in I$$

esto es por el teo. valor extremo, entonces integrando con respecto de x

$$\int_a^b m\,dx \leqslant \int_a^b f(x)dx \leqslant \int_a^b M\,dx$$

entonces

$$(b-a)m \leqslant \int_a^b f(x)dx \leqslant (b-a)M$$

al ser $b - a > 0$ se tiene que

$$m \leqslant \frac{1}{b-a} \int_a^b f(x)dx \leqslant M$$

por el teorema 1.1 (valor intermedio) se tiene que $\exists c \in (a,b) \ni$

$$\frac{1}{b-a} \int_a^b f(x)dx = f(c) \quad \blacksquare$$

Teorema 1.1.3 (Fundamental del cálculo)
  Si $f: I \to \mathbb{R}$, $I = [a,b] \subset \mathbb{R}$ continua en I

1. Si $F(x) = \displaystyle\int_a^x f(t)dt$, entonces

$$F'(x) = f(x) \quad \forall x \in (a,b)$$

2. Si $F'(x) = f(x)$, $\quad \forall x \in (a,b)$, entonces

$$\int_a^b f(t)dt = F(b) - F(a)$$

Demos.

1. Sean $x \in (a,b)$ y $x + h \in (a,b)$, entonces

$$\begin{aligned}
F(x+h) - F(x) &= \int_a^{x+h} f(t)dt - \int_a^x f(t)dt \\
&= \left(\int_a^x f(t)dt + \int_x^{x+h} f(t)dt\right) - \int_a^x f(t)dt \\
&= \int_x^{x+h} f(t)dt
\end{aligned}$$

entonces

$$F(x+h) - F(x) = \int_x^{x+h} f(t)dt$$

si $h \neq 0$, entonces

$$\frac{F(x+h) - F(x)}{h} = \frac{1}{h}\int_x^{x+h} f(t)dt$$

entonces por el teo. de valor medio para integrales (teo. 1.2) $\exists c \in (x, x+h) \ni$

$$\frac{F(x+h) - F(x)}{h} = \frac{1}{h}\int_x^{x+h} f(t)dt = \frac{1}{h}(hf(c)) = f(c)$$

entonces

$$\frac{F(x+h) - F(x)}{h} = f(c)$$

CAPÍTULO 1. INTEGRAL INDEFINIDA

tomando limite cuando $h \to 0$

$$\lim_{h \to 0} \frac{F(x+h) - F(x)}{h} = \lim_{h \to 0} f(c)$$

note que: $x < c < x + h$, entonces cuando $h \to 0$, $x < c < x$ por lo que $c \to x$, entonces

$$F'(x) = \lim_{h \to 0} f(c) = \lim_{c \to x} f(c) = f(x)$$

por def. de continuidad

$$\therefore F'(x) = f(x) \quad \forall x \in (a, b)$$

2. Definamos $G(x) = \int_a^x f(t)dt$ como antiderivada de f en (a, b) y por hipotesis $F(x)$ es antiderivada de f en (a, b) entonces

$$F(x) - G(x) = C, \ C \in \mathbb{R}$$

por el teo. 0.1, entonces $F(x) = G(x) + C$, por lo que

$$F(b) - F(a) = [G(b) + C] - [G(a) + C] = G(b) - G(a)$$

entonces

$$F(b) - F(a) = \int_a^b f(t)dt - \int_a^a f(t)dt$$

recuerde que $\int_a^a f = 0$

$$\therefore \int_a^b f(t)dt = F(b) - F(a) \quad \blacksquare$$

Ahora fijese que si tenemos una función u diferenciable de x y n un número cualquiera diferente de -1, por la regla de la cadena tendremos que

$$\frac{d}{dx}\left(\frac{u^{n+1}}{n+1}\right) = u^n \frac{du}{dx}$$

esto indica que $(u^{n+1})/(n+1)$ es una antiderivada de $u^n du/dx$ por lo tanto

$$\int u^n \frac{du}{dx} dx = \int d\left(\frac{u^{n+1}}{n+1}\right)$$

esto es
$$\int u^n du = \frac{u^{n+1}}{n+1} + C$$

note que si $u = x$, entonces
$$\frac{d}{dx}\left(\frac{x^{n+1}}{n+1}\right) = x^n \frac{dx}{dx} = x^n$$

entonces
$$x^n dx = d\left(\frac{x^{n+1}}{n+1}\right) \implies \int x^n dx = \frac{x^{n+1}}{n+1} + C$$

ahora un caso más particular de esto es $u = x$ y $n = 1$ de donde se tendra que
$$\frac{d}{dx} x = 1 \implies dx = d(x)$$

por lo que
$$\int dx = x + C$$

Note que si seguimos el concepto de antiderivada (como función inversa de la derivada) para las siguientes funciones obtendremos sus respectivas antiderivadas (integrales). Esto es:

1. Recuerde que $\frac{d}{dx} \sin x = \cos x$ de aqui que $d(\sin x) = \cos x dx$, entonces
$$\int d(\sin x) = \int \cos x dx \implies \int \cos x dx = \sin x + C$$

2. Recuerde que
$$\frac{d}{dx} \cos x = -\sin x \implies -\sin x dx = d(\cos x)$$

de donde tendremos la integral del seno, esto es
$$\int \sin x dx = -\int d(\cos x) \implies \int \sin x dx = -\cos x + C$$

CAPÍTULO 1. INTEGRAL INDEFINIDA

3. De igual modo
$$\frac{d}{dx}\tan x = \sec^2 x \Longrightarrow \sec^2 x\,dx = d(\tan x)$$

   de aqui que
$$\int \sec^2 x\,dx = \tan x + C$$

4. Ahora si
$$\frac{d}{dx}\sec x = \sec x \tan x \Longrightarrow \sec x \tan x\,dx = d(\sec x)$$

   entonces
$$\int \sec x \tan x\,dx = \sec x + C$$

5. Si
$$\frac{d}{dx}\cot x = -\csc^2 x \Longrightarrow d(\cot x) = -\csc^2 x\,dx$$

   entonces
$$\int \csc^2 x\,dx = -\int d(\cot x) = -\cot x + C$$

$$\therefore \int \csc^2 x\,dx = -\cot x + C$$

6. Si
$$\frac{d}{dx}\ln x = \frac{1}{x} \Longrightarrow d(\ln x) = \frac{1}{x}dx$$

   entonces
$$\int \frac{dx}{x} = \ln x + C$$

7. Si
$$\frac{d}{dx}a^x = a^x \ln a \Longrightarrow d\left(\frac{a^x}{\ln a}\right) = a^x dx$$

   de donde se tiene que
$$\int a^x dx = \frac{a^x}{\ln a} + C$$

8. De igual modo si
$$\frac{d}{dx}\tan^{-1}x = \frac{1}{1+x^2} \implies \frac{1}{1+x^2}dx = d(\tan^{-1}x)$$

por lo que
$$\int \frac{dx}{1+x^2} = \tan^{-1}x + C$$

Si se sigue la misma idea se obtendran las respectivas integrales de otras funciones elementales, tenga ahora pendiente algunas propiedades basícas:

1. $\int 0 dx = c$
2. $\int dx = x + C \quad x \in \mathbb{R}$
3. $\int kf(x)dx = k\int f(x)dx \quad k \in \mathbb{R}$
4. $\int [f(x) \pm g(x)]dx = \int f(x)dx \pm \int g(x)dx$

1.2. Método de sustitución

Este método se basa en la derivada de la función compuesta, aplicando la regla de la cadena. Consiste en sustituir el integrando o parte de éste por otra función para que la expresión resultante sea más fácil de integrar.

Si escogemos un cambio de variable de modo que al aplicarlo obtenemos en el integrando una función multiplicada por su derivada, la integral será inmediata. Pero en ocasiones un cambio mal escogido puede complicar más la integral.

Teorema 1.2.1 (Regla de sustitución)
Si $u = g(x)$ *es una función que depende de* x *y* f *es continua en* I, *entonces*

$$\int f(g(x))g'(x)dx = \int f(u)du$$

Demos.
Fijese que por regla de la cadena $F(g(x))$ es una antiderivada de $f(g(x))g'(x)$, esto es
$$\frac{d}{dx}F(g(x)) = F'(g(x))g'(x) = f(g(x))g'(x)$$

CAPÍTULO 1. INTEGRAL INDEFINIDA

si tomamos $u = g(x)$, entonces se tendra que

$$\int f(g(x))g'(x)dx = \int \frac{d}{dx}F(g(x))dx = F(g(x)) + C$$

$$= F(u) + C = \int F'(u)du = \int f(u)du$$

$$\therefore \int f(g(x))g'(x)dx = \int f(u)du \quad \blacksquare$$

Para evaluar una integral por el método de sustitución, osea, si

$$\int f(g(x))g'(x)dx$$

siempre que f y g' sean funciones continuas:

1. Se sustituye $u = g(x)$ y $du/dx = g'(x)$, entonces $du = g'(x)dx$ para obtener $\int f(u)du$.

2. Integrese respecto de u.

3. Sustituya u por $g(x)$ en el resultado.

Ejercicios Resueltos

1. Evalúe $\int 2(2x+4)^5 dx$

    Solución

    Note que si tomamos $u = 2x + 4$, entonces $du/dx = 2$ de aqui que $du = 2dx$, de donde tendremos que

    $$\int 2(2x+4)^5 dx = \int u^5 du = \frac{u^6}{6} + C$$

    sustituyendo $u = 2x + 4$

    $$\int 2(2x+4)^5 dx = \frac{(2x+4)^6}{6} + C$$

2. Evalúe $\int 7\sqrt{7x-1}\,dx$

   Solución

   Note que si tomamos $u = 7x - 1$, entonces $du/dx = 7$ de aqui que $du/7 = dx$, de donde tendremos que

   $$\int 7\sqrt{7x-1}\,dx = \int \sqrt{u}\,du = \int u^{1/2}\,du = \frac{u^{1/2+1}}{1/2+1} + C = \frac{u^{3/2}}{3/2} + C = \frac{2u^{3/2}}{3} + C$$

   sustituyendo $u = 7x - 1$, tendremos que

   $$\int 7\sqrt{7x-1}\,dx = \frac{2(7x-1)^{3/2}}{3} + C$$

3. Evalúe $\int \dfrac{(1+\sqrt{x})^{1/2}}{\sqrt{x}}\,dx$

   Solución

   Note que si tomamos $u = 1 + \sqrt{x}$, entonces $du/dx = (1/2\sqrt{x})$ de aqui que $2du = (1/\sqrt{x})dx$, de donde tendremos que

   $$\int \frac{(1+\sqrt{x})^{1/2}}{\sqrt{x}}\,dx = 2\int u^{1/2}\,dx = \frac{2u^{3/2}}{3/2} + C = \frac{4u^{3/2}}{3} + C$$

   sustituyendo $u = 1 + \sqrt{x}$, tendremos que

   $$\int \frac{(1+\sqrt{x})^{1/2}}{\sqrt{x}}\,dx = \frac{4(1+\sqrt{x})^{3/2}}{3} + C$$

4. Evalúe $\int \sin 3x\,dx$

   Solución

   Si tomamos $u = 3x$, entonces $du = 3dx \Longrightarrow du/3 = dx$, sustituyendo tendremos que

   $$\int \sin 3x\,dx = \frac{1}{3}\int \sin u\,du = \frac{1}{3}(-\cos u) + C$$

   sustituyendo $u = 3x$, se tiene que

   $$\int \sin 3x\,dx = -\frac{1}{3}\cos 3x + C$$

CAPÍTULO 1. INTEGRAL INDEFINIDA 17

5. **Evalúe** $\int \sec 2x \tan 2x \, dx$

   Solución

   Si tomamos $u = 2x$, entonces $du = 2dx$, sustituyendo tendremos que

   $$\int \sec 2x \tan 2x \, dx = \frac{1}{2} \int \sec u \tan u \, du = \frac{1}{2} \sec u + C$$

   sustituyendo $u = 2x$, tendremos que

   $$\int \sec 2x \tan 2x \, dx = \frac{1}{2} \sec 2x + C$$

6. **Evalúe** $\int 12(y^4 + 4y^2 + 1)^2 (y^3 + 2y) \, dy$

   Solución

   Si tomamos $u = y^4 + 4y^2 + 1$, entonces $du = (4y^3 + 8y) \, dy$

   $$\int 12(y^4 + 4y^2 + 1)^2 (y^3 + 2y) \, dy = \int 3(y^4 + 4y^2 + 1)^2 (4y^3 + 8y) \, dy = 3 \int u^2 \, du$$

   $$= 3 \frac{u^3}{3} + C = u^3 + C$$

   entonces

   $$\int 12(y^4 + 4y^2 + 1)^2 (y^3 + 2y) \, dy = (y^4 + 4y + 1)^3 + C$$

7. **Evalúe** $\int \csc^2 x \cot x \, dx$

   Solución

   Si $u = \cot x$, entonces $du = -\csc^2 x \, dx$, por lo que

   $$\int \csc^2 x \cot x \, dx = -\int u \, du = -\frac{u^2}{2} + C$$

   por lo que sustituyendo a $u = \cot x$ se tiene que

   $$\int \cot x \csc^2 x \, dx = -\frac{1}{2} \csc^2 x + C$$

8. Evalúe $\displaystyle\int \frac{dx}{\sqrt{5x+8}}$

    Solución

    Si $u = 5x + 8 \Longrightarrow du = 5dx \Longrightarrow du/5 = dx$, tendremos que

    $$\int \frac{dx}{\sqrt{5x+8}} = \frac{1}{5}\int u^{-1/2} du = \frac{2}{5}u^{1/2} + C$$

    por lo que sustituyendo $u = 5x + 8$, tendremos que

    $$\int \frac{dx}{\sqrt{5x+8}} = \frac{2}{5}\sqrt{5x+8} + C$$

    Otra manera seria tomando $u = \sqrt{5x+8}$, de donde tendriamos

    $$du = \frac{5dx}{2\sqrt{5x+8}} \Longrightarrow \frac{2}{5}du = \frac{dx}{\sqrt{5x+8}}$$

    por lo que

    $$\int \frac{dx}{\sqrt{5x+8}} = \frac{2}{5}\int du = \frac{2}{5}u + C = \frac{2}{5}\sqrt{5x+8} + C$$

9. Evalúe $\displaystyle\int \sqrt{3-2x}\, dx$

    Solución

    Si tomamos $u = 3 - 2x \Longrightarrow du = -2dx$, por lo que

    $$\int \sqrt{3-2x}\,dx = -\frac{1}{2}\int u^{1/2} du = -\frac{2}{2}\frac{u^{3/2}}{3} + C = -\frac{u^{3/2}}{3} + C$$

    sustituyendo u tendremos que

    $$\int \sqrt{3-2x}\,dx = -\frac{(3-2x)^{3/2}}{3} + C$$

10. Evalúe $\displaystyle\int \sqrt{x}\sin(2x^{3/2})dx$

    Solución

    Podemos tomar u como el argumento del seno, entonces sea $u = 2x^{3/2} \Longrightarrow du = 3x^{1/2}dx = 3\sqrt{x}dx$, por lo que se tendra

$$\int \sqrt{x}\sin(2x^{3/2})dx = \frac{1}{3}\int \sin u\,du = -\frac{1}{3}\cos u + C$$

sustituyendo u se tiene que

$$\int \sqrt{x}\sin(2x^{3/2})dx = -\frac{1}{3}\cos(2x^{3/2}) + C$$

11. Evalúe $\int \dfrac{dx}{\sqrt{x}(1+\sqrt{x})^2}$

    Solución

    Sea $u = 1 + \sqrt{x}$, de donde tendremos que $du = dx/2\sqrt{x}$, por lo que

    $$\int \frac{dx}{\sqrt{x}(1+\sqrt{x})^2} = 2\int u^{-2}du = -2u^{-1} + C$$

    por lo que sustituyendo u tendremos

    $$\int \frac{dx}{\sqrt{x}(1+\sqrt{x})^2} = \frac{-2}{1+\sqrt{x}} + C$$

12. Evalúe $\int \sec^2(3x+2)dx$

    Solución

    Sea $u = 3x + 2 \Longrightarrow du = 3dx$, por lo que tendremos que

    $$\int \sec^2(3x+2)dx = \frac{1}{3}\int \sec^2 u\,du = \frac{1}{3}\tan u + C$$

    sustituyendo u se tiene

    $$\int \sec^2(3x+2)dx = \frac{1}{3}\tan(3x+2) + C$$

13. Evalúe $\int \dfrac{e^{\sqrt{x}}}{\sqrt{x}}dx$

    Solución

    Fijese que si tomamos u el exponente $u = \sqrt{x}$, entonces $du = dx/2\sqrt{x}$, por lo que

$$\int \frac{e^{\sqrt{x}}}{\sqrt{x}} dx = 2\int e^u du = 2e^u + C = 2e^{\sqrt{x}} + C$$

de donde se tiene que

$$\int \frac{e^{\sqrt{x}}}{\sqrt{x}} dx = 2e^{\sqrt{x}} + C$$

otra manera de hacerla seria tomando la sustitución $w = e^{\sqrt{x}}$, entonces $dw = (e^{\sqrt{x}}/2\sqrt{x})dx$, entonces

$$\int \frac{e^{\sqrt{x}}}{\sqrt{x}} dx = 2\int dw = 2w + C = 2e^{\sqrt{x}} + C$$

teniendo así el mismo resultado.

14. Evalúe $\int \frac{e^x - e^{-x}}{e^x + e^{-x}} dx$

    Solución

    Si tomamos u el denominador tendremos $u = e^x + e^{-x}$, entonces

    $$du = \left(e^x - e^{-x}\right) dx$$

    tendremos entonces que

    $$\int \frac{e^x - e^{-x}}{e^x + e^{-x}} dx = \int \frac{du}{u} = \ln|u| + C$$

    por lo que

    $$\int \frac{e^x - e^{-x}}{e^x + e^{-x}} dx = \ln|e^x + e^{-x}| + C$$

15. Evalúe $\int x^{1/2} \sin(x^{3/2} + 1) dx$

    Solución

    Si tomamos $u = x^{3/2} + 1 \Longrightarrow du = \frac{3}{2}x^{1/2}dx$, de donde tendremos que

    $$\int x^{1/2} \sin(x^{3/2} + 1) dx = \frac{2}{3}\int \sin u\, du = -\frac{2}{3}\cos u + C$$

    por lo que

    $$\int x^{1/2} \sin(x^{3/2} + 1) dx = -\frac{2}{3}\cos(x^{3/2} + 1) + C$$

CAPÍTULO 1. INTEGRAL INDEFINIDA

16. Evalúe $\int \dfrac{1}{x^2}\sqrt{2-\dfrac{1}{x}}\,dx$

    Solución

    Sea $u = 2 - \dfrac{1}{x} \implies du = \dfrac{1}{x^2}dx$ por lo que

    $$\int \frac{1}{x^2}\sqrt{2-\frac{1}{x}}\,dx = \int u^{1/2}du = \frac{2}{3}u^{3/2} + C = \frac{2}{3}\left(2-\frac{1}{x}\right)^{3/2} + C$$

    por lo que tendremos

    $$\int \frac{1}{x^2}\sqrt{2-\frac{1}{x}}\,dx = \frac{2}{3}\left(2-\frac{1}{x}\right)^{3/2} + C$$

17. Evalúe $\int \dfrac{\cos\sqrt{x}}{\sqrt{x}\sin^2\sqrt{x}}\,dx$

    Solución

    Sea $u = \sqrt{x} \implies du = dx/2\sqrt{x}$ por lo que se tiene que

    $$\int \frac{\cos\sqrt{x}}{\sqrt{x}\sin^2\sqrt{x}}\,dx = 2\int \frac{\cos u}{\sin^2 u}\,du$$

    fíjese que podemos ahora tomar otra sustitución, siendo $y = \sin u$ de donde $dy = \cos u\,du$, por lo que

    $$\int \frac{\cos\sqrt{x}}{\sqrt{x}\sin^2\sqrt{x}}\,dx = 2\int \frac{\cos u}{\sin^2 u}\,du = 2\int \frac{dy}{y^2} = 2\int y^{-2}dy = -2y^{-1} + C$$

    $$= -\frac{2}{\sin u} + C = -\frac{2}{\sin\sqrt{x}} + C$$

    $$\therefore \int \frac{\cos\sqrt{x}}{\sqrt{x}\sin^2\sqrt{x}}\,dx = -\frac{2}{\sin\sqrt{x}} + C$$

18. Evalúe $\int \dfrac{1}{x^3}\sqrt{\dfrac{x^2-1}{x^2}}\,dx$

    Solución

    Note que

    $$\int \frac{1}{x^3}\sqrt{\frac{x^2-1}{x^2}}\,dx = \int \frac{1}{x^3}\sqrt{1-\frac{1}{x^2}}\,dx$$

ahora tomemos $u = 1 - \dfrac{1}{x^2} \implies du = 2\dfrac{dx}{x^3}$ por lo que

$$\int \frac{1}{x^3}\sqrt{\frac{x^2-1}{x^2}}dx = \frac{1}{2}\int u^{1/2}du = \frac{2}{2\cdot 3}u^{3/2} + C = \frac{1}{3}u^{3/2} + C$$

sustituyendo u se tiene que

$$\int \frac{1}{x^3}\sqrt{\frac{x^2-1}{x^2}}dx = \frac{1}{3}\left(\frac{x^2-1}{x^2}\right)^{3/2} + C$$

19. Evalúe $\int \sec x\, dx$

    Solución

    Fijese que podemos multiplicamor por $\dfrac{\sec x + \tan x}{\sec x + \tan x}$

    $$\int \sec x\, dx = \int \sec x \left(\frac{\sec x + \tan x}{\sec x + \tan x}\right)dx = \int \frac{\sec^2 x + \sec x \tan x}{\sec x + \tan x}dx$$

    si tomamos $u = \sec x + \tan x,$ entonces $du = (\sec^2 x + \sec x \tan x)dx$ por lo que

    $$\int \sec x\, dx = \int \frac{du}{u} = \ln|u| + C = \ln|\sec x + \tan x| + C$$

    $$\therefore \int \sec x\, dx = \ln|\sec x + \tan x| + C$$

20. Evalúe $\int \cot x\, dx$

    Solución

    Como $\cot x = \cos x / \sin x$ tendremos que

    $$\int \cot x\, dx = \int \frac{\cos x}{\sin x}dx$$

    tomando $u = \sin x \implies du = \cos x\, dx,$ por lo que

    $$\int \cot x\, dx = \int \frac{\cos x}{\sin x}dx = \int \frac{du}{u} = \ln|u| + C$$

    entonces

    $$\int \cot x\, dx = \ln|\sin x| + C = -\ln|\csc x| + C$$

Capítulo 2

Integración por Partes

Este artificio de integración se fundamenta en la formula del diferencial del producto de dos funciones.

Séa u y v dos funciones derivables de $x \Longrightarrow$

$$d(uv) = udv + vdu \Longrightarrow \int d(uv) = \int udv + \int vdu$$

$$uv = \int udv + \int vdu$$

$$\Longrightarrow \int udv = uv - \int vdu$$

que es la formula de integración por partes.

Puede verse en la misma que este artificio consiste en la descomposición de la integral dada en dos factores u y dv, pero note que el miembro derecho aprarecen dos nuevos factores que son v y du lo cual significa que una vez integrado u devemos diferenciala para obtener du e integral de dv para obtener v.

La integral que aparece a la derecha $\int vdu$, debe ser más facíl que la original si se ha hecho una buena elección de los factores.

u debe ser la parte de la integral de más dificil integración o aquella que tiene la mayor complicación.

dv debe ser la parte más facil de la integral.

Aplición:
Este artificio de integración se recomienda aplicar a las siguientes

1. El producto de funciones álgebraicas y tracendentes.
2. En productos de funciones exponenciales y trigonométricas seno y coseno.
3. En funciones logaritmicas.
4. En funciones trigonométricas inversas.
5. En pontencias impares de secante y cosecante.

Ejercicios Resueltos

1. Evalúe $\int x \cos x\, dx$

   Solución

   Atendiendo a la formula
   $$\int u\, dv = uv - \int v\, du$$
   entonces tendremos que
   $$u = x \implies du = dx$$
   $$dv = \cos x\, dx \implies v = \sin x$$
   sustituyendo tendremos que
   $$\int x \cos x\, dx = x \sin x - \int \sin x\, dx$$
   puesto que $\int \sin x\, dx = -\cos x + C$
   $$\int x \cos x\, dx = x \sin x - (-\cos x) + C$$
   $$\therefore \int x \cos x\, dx = x \sin x + \cos x + C$$

CAPÍTULO 2. INTEGRACIÓN POR PARTES

2. Evalúe $\int \ln x\, dx$

   Solución

   Atendiendo a la formula
   $$\int u\,dv = uv - \int v\,du$$
   entonces tendremos que
   $$u = \ln x \Longrightarrow du = \frac{1}{x}dx$$
   $$dv = dx \Longrightarrow v = x$$
   sustituyendo tendremos que
   $$\int \ln x\,dx = x\ln x - \int x\frac{dx}{x} = x\ln x - \int dx$$
   $$\Longrightarrow \int \ln x\,dx = x\ln x - x + C$$
   $$\therefore \int \ln x\,dx = x(\ln x - 1) + C$$

3. Evalúe $\int x^2 e^x\,dx$

   Solución

   Atendiendo a la formula
   $$\int u\,dv = uv - \int v\,du$$
   entonces tendremos que
   $$u = x^2 \Longrightarrow du = 2x\,dx$$
   $$dv = e^x dx \Longrightarrow v = e^x$$
   $$\Longrightarrow \int x^2 e^x\,dx = x^2 e^x - 2\int x e^x\,dx$$
   si tomamos
   $$\int x e^x\,dx$$
   $$w = x \Longrightarrow dw = dx$$
   $$dz = e^x dx \Longrightarrow z = e^x$$
   $$\int x e^x\,dx = x e^x - \int e^x dx = x e^x - e^x + C$$

sustituyendo
$$\Longrightarrow \int x^2 e^x dx = x^2 e^x - 2(xe^x - e^x) + C$$
$$\therefore \int x^2 e^x dx = x^2 e^x - 2xe^x + 2e^x + C$$

4. Evalúe $\int e^x \cos x \, dx$

Solución

Atendiendo a la formula
$$\int u dv = uv - \int v du$$
entonces tendremos que
$$u = e^x \Longrightarrow du = e^x dx$$
$$dv = \cos x dx \Longrightarrow v = \sin x$$
sustituyendo tendremos
$$\int e^x \cos x dx = e^x \sin x - \int e^x \sin x dx$$
aplicando por partes nuevamente a $\int e^x \sin x dx$
tendremos que
$$u = e^x \Longrightarrow du = e^x dx$$
$$dv = \sin x dx \Longrightarrow v = -\cos x$$
$$\Longrightarrow \int e^x \sin x dx = -e^x \cos x - \int (-\cos x) e^x dx$$
$$= -e^x \cos x + \int e^x \cos x dx$$

entonces tendremos que
$$\int e^x \cos x dx = e^x \sin x - \left(-e^x \cos x + \int e^x \cos x dx\right)$$
$$= e^x \sin x + e^x \cos x - \int e^x \cos x dx \quad \text{pasando la integral}$$
$$2 \int e^x \cos x dx = e^x \sin x + e^x \cos x + C$$
$$\therefore \int e^x \cos x dx = \frac{e^x \sin x + e^x \cos x}{2} + C$$

CAPÍTULO 2. INTEGRACIÓN POR PARTES

5. Obtenga la formula que exprese la integral $\int \cos^n x\, dx$ en terminos de una integral con potencia menor de $\cos x$.

Solución

Note que $\cos^n x = \cos^{n-1} x \cos x$

$$\implies \int \cos^n x\, dx = \int \cos^{n-1} x \cos x\, dx$$

Ahora atendiendo a la formula

$$\int u\, dv = uv - \int v\, du$$

entonces tendremos que

$$u = \cos^{n-1} x \implies du = -(n-1)\cos^{n-2} x \sin x\, dx$$

$$dv = \cos x\, dx \implies v = \sin x$$

entonces tenemos que

$$\begin{aligned}
\int \cos^n x\, dx &= \sin x \cos^{n-1} x + (n-1) \int \sin^2 x \cos^{n-2} x\, dx \\
&= \sin x \cos^{n-1} x + (n-1) \int (1 - \cos^2 x) \cos^{n-2} x\, dx \\
&= \sin x \cos^{n-1} x + (n-1) \int (\cos^{n-2} x - \cos^n x)\, dx \\
&= \sin x \cos^{n-1} x + (n-1) \left[\int \cos^{n-2} x\, dx - \int \cos^n x\, dx \right] \\
\int \cos^n x\, dx &= \sin x \cos^{n-1} x + (n-1) \int \cos^{n-2} x\, dx - (n-1) \int \cos^n x\, dx
\end{aligned}$$

pasando $(n-1) \int \cos^n x\, dx$ al lado izquierdo se tiene

$$\begin{aligned}
\int \cos^n x\, dx + (n-1) \int \cos^n x\, dx &= \sin x \cos^{n-1} x + (n-1) \int \cos^{n-2} x\, dx \\
n \int \cos^n x\, dx &= \sin x \cos^{n-1} x + (n-1) \int \cos^{n-2} x\, dx \\
\therefore \int \cos^n x\, dx &= \frac{\sin x \cos^{n-1} x}{n} + \frac{(n-1)}{n} \int \cos^{n-2} x\, dx
\end{aligned}$$

6. Evalúe $\int x(\ln x)^2 dx$

Solución

Atendiendo a la formula
$$\int u dv = uv - \int v du$$

entonces tendremos que
$$u = (\ln x)^2 \implies du = \frac{2\ln x}{x} dx$$

$$dv = x dx \implies v = \frac{x^2}{2}$$

de donde se tendra que
$$\begin{aligned}\int x(\ln x)^2 dx &= \frac{x^2}{2}(\ln x)^2 - \int \frac{x^2}{2}\frac{2\ln x}{x} dx \\ &= \frac{x^2}{2}(\ln x)^2 - \int x \ln x dx\end{aligned}$$

aplicando el método a $\int x \ln x dx \implies$

$$w = \ln x \implies dw = \frac{1}{x} dx$$

$$dz = x dx \implies z = \frac{x^2}{2}$$

$$\implies \int x \ln x dx = \frac{x^2}{2}\ln x - \frac{1}{2}\int \frac{x^2}{x} dx = \frac{x^2}{2}\ln x - \frac{1}{2}\int x dx$$

$$\begin{aligned}\int x(\ln x)^2 dx &= \frac{x^2}{2}(\ln x)^2 - \int x \ln x dx \\ &= \frac{x^2}{2}(\ln x)^2 - \left(\frac{x^2}{2}\ln x - \frac{1}{2}\int x dx\right) \\ &= \frac{x^2}{2}(\ln x)^2 - \frac{x^2}{2}\ln x + \frac{1}{2}\frac{x^2}{2} + C\end{aligned}$$

$$\therefore \int x(\ln x)^2 dx = \frac{x^2}{2}\left((\ln x)^2 - \ln x + \frac{1}{2}\right) + C$$

CAPÍTULO 2. INTEGRACIÓN POR PARTES

7. Evalúe $\int x\sqrt{1+x}\,dx$

   Solución

   Fíjese que si tomamos
   $$u = x \Longrightarrow du = dx$$
   $$dv = (1+x)^{1/2} \Longrightarrow v = \frac{2}{3}(1+x)^{3/2}$$

   entonces
   $$\int x\sqrt{1+x}\,dx = \frac{2}{3}x(1+x)^{3/2} - \frac{2}{3}\int (1+x)^{3/2}\,dx$$

   $$\int x\sqrt{1+x}\,dx = \frac{2}{3}x(1+x)^{3/2} - \frac{2}{3}\left(\frac{2}{5}\right)(1+x)^{5/2} + C$$

   $$\therefore \int x\sqrt{1+x}\,dx = \frac{2}{3}x(1+x)^{3/2} - \frac{4}{15}(1+x)^{5/2} + C$$

8. Evalúe $\int \ln(x^2+1)\,dx$

   Solución

   Tomemos
   $$u = \ln(x^2+1) \Longrightarrow du = \frac{2x\,dx}{x^2+1}$$
   $$dv = dx \Longrightarrow v = x$$

   entonces
   $$\int \ln(x^2+1)\,dx = x\ln(x^2+1) - \int \frac{2x^2\,dx}{x^2+1}$$

   puede verificarse que
   $$\frac{2x^2}{x^2+1} = 2 - \frac{2}{x^2+1}$$

   entonces
   $$\int \ln(x^2+1)\,dx = x\ln(x^2+1) - \int \left(2 - \frac{2}{x^2+1}\right)dx$$

   $$\therefore \int \ln(x^2+1)\,dx = x\ln(x^2+1) - 2x - 2\arctan x + C$$

9. Evalúe $\int x \arctan x\, dx$

Solución

Fijese que si tomamos

$$u = \arctan x \implies du = \frac{1}{x^2 + 1} dx$$

$$dv = x\, dx \implies v = \frac{x^2}{2}$$

$$\implies \int x \arctan x\, dx = \frac{x^2}{2} \arctan x - \frac{1}{2} \int \frac{x^2}{x^2 + 1} dx$$

note que

$$\frac{x^2}{x^2 + 1} = 1 - \frac{1}{x^2 + 1}$$

de donde tendremos

$$\begin{aligned}
\int x \arctan x\, dx &= \frac{x^2}{2} \arctan x - \frac{1}{2} \int \left(1 - \frac{1}{x^2 + 1}\right) dx \\
&= \frac{x^2}{2} \arctan x - \frac{1}{2} \int dx + \frac{1}{2} \int \frac{1}{x^2 + 1} dx \\
&= \frac{x^2}{2} \arctan x - \frac{1}{2} x + \frac{1}{2} \arctan x + C
\end{aligned}$$

$$\begin{aligned}
\therefore \int x \arctan x\, dx &= \frac{x^2}{2} \arctan x - \frac{1}{2} x + \frac{1}{2} \arctan x + C \\
&= \frac{1}{2}\left((x^2 - 1)\arctan x - x\right) + C
\end{aligned}$$

10. Evalúe $\int \sec^3 x\, dx$

Solución

Fijese que

$$\int \sec^3 x\, dx = \int \sec^2 x \sec x\, dx$$

entonces tendremos que

$$u = \sec x \implies du = \sec x \tan x\, dx$$

$$dv = \sec^2 x\, dx \implies v = \tan x$$

$$\begin{aligned}
\int \sec^3 x\, dx &= \sec x \tan x - \int \sec x \tan x \tan x\, dx \\
&= \sec x \tan x - \int \sec x \tan^2 x\, dx \\
&= \sec x \tan x - \int \sec x(\sec^2 x - 1)\, dx \\
&= \sec x \tan x - \int (\sec^3 x - \sec x)\, dx \\
\int \sec^3 x\, dx &= \sec x \tan x - \int \sec^3 x\, dx + \int \sec x\, dx \\
2\int \sec^3 x\, dx &= \sec x \tan x - \int \sec x\, dx \\
2\int \sec^3 x\, dx &= \sec x \tan x - \ln|\sec x + \tan x| + C \\
\therefore \int \sec^3 x\, dx &= \frac{1}{2}\sec x \tan x - \frac{1}{2}\ln|\sec x + \tan x| + C
\end{aligned}$$

11. Evalúe $\int_0^4 xe^{-x}\, dx$

    Solución

    Entonces tendremos que
    $$u = x \implies du = dx$$
    $$dv = e^{-x} dx \implies v = -e^{-x}$$

    de donde tendremos que

    $$\begin{aligned}
    \int_0^4 xe^{-x}\, dx &= -xe^{-x}\Big|_0^4 - \int_0^4 (-e^{-x})\, dx \\
    &= -4e^{-4} + 0 + \int_0^4 e^{-x}\, dx \\
    &= -4e^{-4} - e^{-x}\Big|_0^4 \\
    &= -4e^{-4} - (e^{-4} - e^0) = -4e^{-4} - (e^{-4} - 1) \\
    &= -4e^{-4} - e^{-4} + 1 = 1 - 5e^{-4}
    \end{aligned}$$

    $$\therefore \int_0^4 xe^{-x}\, dx = 1 - 5e^{-4}$$

12. Evalúe $\int \sin\sqrt{x}\,dx$

    Solución

    Fijese que no es conveniente aplicar el método de integración por partes de inmediato, primero tomemos la sustitución $y = \sqrt{x}$, entonces $y^2 = x$, por lo que $dx = 2y\,dy$ de donde tendremos que

    $$\int \sin\sqrt{x}\,dx = 2\int y\sin y\,dy$$

    aplicando ahora integración por partes, tomando

    $$u = y \implies du = dy$$

    $$dv = \sin y\,dy \implies v = -\cos y$$

    entonces

    $$2\int y\sin y\,dy = 2\left(-y\cos y + \int \cos y\,dy\right) = -2y\cos y + 2\int \cos y\,dy$$

    por lo que

    $$\int \sin\sqrt{x}\,dx = 2\int y\sin y\,dy = -2y\cos y + 2\sin y + C$$

    sustituyendo $y = \sqrt{x}$

    $$\therefore \int \sin\sqrt{x}\,dx = -2\sqrt{x}\cos\sqrt{x} + 2\sin\sqrt{x} + C$$

13. Evalúe $\int arcsen x\,dx$

    Solución

    Fijese que si usamos la sustitucion

    $$y = arcsen x \implies \sin y = \sin(arcsen x)$$

    $$x = \sin y \implies dx = \cos y\,dy$$

    sustituyendo tendremos

    $$\int arcsen x\,dx = \int y\cos y\,dy$$

aplicando por partes a $\int y\cos y \, dy$, entonces tendremos que

$$u = y \implies du = dy$$

$$dv = \cos y \, dy \implies v = \sin y$$

$$\begin{aligned}
\int y\cos y \, dy &= y\sin y - \int \sin y \, dy \\
&= y\sin y - (-\cos y) + C \\
&= y\sin y + \cos y + C \quad \textbf{sustituyendo } y
\end{aligned}$$

$$\therefore \int arcsen x \, dx = x\arctan x + \cos(arcsen x) + C$$

14. **Evalúe** $\int \arctan x \, dx$

    Solución

    Fijese que si usamos la sustitucion

$$y = \arctan x \implies \tan y = \tan(\arctan x)$$

$$x = \tan y \implies dx = \sec^2 y \, dy$$

sustituyendo tendremos

$$\int \arctan x \, dx = \int y\sec^2 y \, dy$$

aplicando por partes a $\int y\sec^2 y \, dy$, entonces tendremos que

$$u = y \implies du = dy$$

$$dv = \sec^2 y \, dy \implies v = \tan y$$

$$\begin{aligned}
\int y\sec^2 y \, dy &= y\tan y - \int \tan y \, dy \\
&= y\tan y - \ln|\sec y| + C \quad \textbf{sustituyendo } y \\
&= \arctan x \tan(\arctan x) - \ln|\sec(\arctan x)| + C
\end{aligned}$$

$$\therefore \int \arctan x \, dx = x\arctan x - \ln|\sec(\arctan x)| + C$$

15. Evalúe $\int \tanh^{-1} x\, dx$

Solución

Fijese que si usamos la sustitucion
$$y = \tanh^{-1} x \implies \tanh y = \tanh(\tanh^{-1} x)$$
$$x = \tanh y \implies dx = sech^2 y\, dy$$

sustituyendo tendremos
$$\int \arctan x\, dx = \int y\, sech^2 y\, dy$$

aplicando por partes a $\int y\, sech^2 y\, dy$**, entonces tendremos que**
$$u = y \implies du = dy$$
$$dv = sech^2 y\, dy \implies v = \tanh y$$

$$\begin{aligned}
\int y\, sech^2 y\, dy &= y \tanh y - \int \tanh y\, dy = y \tanh y - \int \frac{\sinh y}{\cosh y} dy \\
&= y \tanh y - \ln|\cosh y| + C \text{ \textbf{sustituyendo} } y \\
&= \tanh^{-1} x \tanh(\tanh^{-1} x) - \ln|\cosh(\tanh^{-1} x)| + C
\end{aligned}$$

$$\therefore \int \arctan x\, dx = x \tanh^{-1} x - \ln|\cosh(\tanh^{-1} x)| + C$$

16. Evalúe $\int \arccos\left(\frac{x}{2}\right) dx$

Solución

Fijese que si usamos la sustitucion
$$y = \arccos \frac{x}{2} \implies \cos y = \cos\left(\arccos \frac{x}{2}\right)$$
$$\frac{x}{2} = \cos y \implies dx = -2 \sin y\, dy$$

sustituyendo tendremos
$$\int \arccos \frac{x}{2} dx = -2 \int y \sin y y\, dy$$

aplicando por partes a $\int y\sin y\,dy$, entonces tendremos que

$$-2\int y\sin y\,dy = -2(y\cos y + \sin y) + C$$

sustituyendo y tendremos

$$\int \arccos\left(\frac{x}{2}\right)dx = -2\int y\sin y\,dy = -2(y\cos y + \sin y) + C$$

$$\int \arccos\left(\frac{x}{2}\right)dx = -2\arccos\left(\frac{x}{2}\right)\cos\left(\arccos\left(\frac{x}{2}\right)\right) - 2\sin\left(\arccos\left(\frac{x}{2}\right)\right) + C$$

$$\therefore \int \arccos\left(\frac{x}{2}\right)dx = -x\arccos\left(\frac{x}{2}\right) - 2\sin\left(\arccos\left(\frac{x}{2}\right)\right) + C$$

17. Obtenga la formula que exprese la integral $\int e^{ax}\sin bx\,dx$

    Solución

    Tomando
    $$u = \sin bx \Longrightarrow du = b\cos bx\,dx$$
    $$dv = e^{ax}dx \Longrightarrow v = \frac{1}{a}e^{ax}$$

    de donde tendremos que

    $$\int e^{ax}\sin bx\,dx = \frac{e^{ax}\sin bx}{a} - \frac{b}{a}\int e^{ax}\cos bx\,dx$$

    ahora aplicando por partes a $\int e^{ax}\cos bx\,dx$ **tendremos que**

    $$w = \cos bx \Longrightarrow dw = -b\sin bx\,dx$$
    $$dz = e^{ax}dx \Longrightarrow z = \frac{1}{a}e^{ax}$$

    $$\Longrightarrow \int e^{ax}\cos bx\,dx = \frac{e^{ax}\cos bx}{a} + \frac{b}{a}\int e^{ax}\sin bx\,dx$$

    sustituyendo tendremos

    $$\begin{aligned}\int e^{ax}\sin bx\,dx &= \frac{e^{ax}\sin bx}{a} - \frac{b}{a}\left[\frac{e^{ax}\cos bx}{a} + \frac{b}{a}\int e^{ax}\sin bx\,dx\right]\\ &= \frac{e^{ax}\sin bx}{a} - \frac{be^{ax}\cos bx}{a^2} - \frac{b^2}{a^2}\int e^{ax}\sin bx\,dx\end{aligned}$$

$$\int e^{ax}\sin bx\,dx + \frac{b^2}{a^2}\int e^{ax}\sin bx\,dx = \frac{e^{ax}\sin bx}{a} - \frac{be^{ax}\cos bx}{a^2} + C$$

$$\left(1 + \frac{b^2}{a^2}\right)\int e^{ax}\sin bx\,dx = \frac{e^{ax}\sin bx}{a} - \frac{be^{ax}\cos bx}{a^2} + C$$

$$\left(\frac{a^2 + b^2}{a^2}\right)\int e^{ax}\sin bx\,dx = \frac{e^{ax}\sin bx}{a} - \frac{be^{ax}\cos bx}{a^2} + C$$

$$\int e^{ax}\sin bx\,dx = \left(\frac{a^2}{a^2 + b^2}\right)e^{ax}\left(\frac{\sin bx}{a} - \frac{b\cos bx}{a^2}\right) + C$$

$$\int e^{ax}\sin bx\,dx = \left(\frac{e^{ax}}{a^2 + b^2}\right)\left(\frac{a^2 \sin bx}{a} - \frac{a^2 b\cos bx}{a^2}\right) + C$$

$$\int e^{ax}\sin bx\,dx = \left(\frac{e^{ax}}{a^2 + b^2}\right)(a\sin bx - b\cos bx) + C$$

$$\therefore \int e^{ax}\sin bx\,dx = e^{ax}\left(\frac{a\sin bx - b\cos bx}{a^2 + b^2}\right) + C$$

18. Obtenga la formula que exprese la integral $\int x^n e^{ax}\sin bx\,dx$

Solución

Tomando
$$u = x^n \implies du = nx^{n-1}dx$$
$$dv = e^{ax}\sin bx\,dx \implies v = \frac{e^{ax}}{a^2 + b^2}(a\sin bx - b\cos ax)$$

$$\int x^n e^{ax}\sin bx\,dx = \frac{x^n e^{ax}}{a^2 + b^2}(a\sin bx - b\cos bx)$$
$$- \frac{n}{a^2 + b^2}\int x^{n-1}e^{ax}(a\sin bx - b\cos bx)dx$$

$$\therefore \int x^n e^{ax}\sin bx\,dx = \frac{x^n e^{ax}}{a^2 + b^2}(a\sin bx - b\cos bx) - \frac{an}{a^2 + b^2}\int x^{n-1}e^{ax}\sin bx\,dx$$
$$+ \frac{bn}{a^2 + b^2}\int x^{n-1}e^{ax}\cos bx\,dx$$

19. **Evalúe** $\int_{-\pi}^{\pi} x^2 \cos nx\, dx$

    Solución

    Tomando
    $$u = x^2 \implies du = 2x\, dx$$
    $$dv = \cos nx\, dx \implies v = \frac{1}{n}\sin nx$$

    $$\int_{-\pi}^{\pi} x^2 \cos nx\, dx = \left.\frac{x^2 \sin nx}{n}\right|_{-\pi}^{\pi} - \frac{2}{n}\int_{-\pi}^{\pi} x \sin nx\, dx$$

    note que $\left.\dfrac{x^2 \sin nx}{n}\right|_{-\pi}^{\pi} = 0$

    $$\implies \int_{-\pi}^{\pi} x^2 \cos nx\, dx = -\frac{2}{n}\int_{-\pi}^{\pi} x \sin nx\, dx$$

    aplicando por partes a $\int_{-\pi}^{\pi} x \sin nx\, dx$ **tendremos**

    $$\int_{-\pi}^{\pi} x \sin nx\, dx = \left.\frac{-x \cos nx}{n}\right|_{-\pi}^{\pi} + \frac{1}{n}\int_{-\pi}^{\pi} \cos nx\, dx$$

    Verifique que $\int_{-\pi}^{\pi} \cos nx\, dx = 0$

    $$\implies \int_{-\pi}^{\pi} x \sin nx\, dx = \left.\frac{-x \cos nx}{n}\right|_{-\pi}^{\pi}$$

    sustituyendo

    $$\int_{-\pi}^{\pi} x^2 \cos nx\, dx = -\frac{2}{n}\int_{-\pi}^{\pi} x \sin nx\, dx = \frac{-2}{n}\left(\left.\frac{-x \cos nx}{n}\right|_{-\pi}^{\pi}\right)$$

    $$\int_{-\pi}^{\pi} x^2 \cos nx\, dx = \frac{2}{n}\left(\left.\frac{x \cos nx}{n}\right|_{-\pi}^{\pi}\right)$$

    $$\int_{-\pi}^{\pi} x^2 \cos nx\, dx = \frac{2}{n^2}\left(\pi \cos n\pi - (-\pi)\cos n\pi\right)$$

    $$\int_{-\pi}^{\pi} x^2 \cos nx\, dx = \frac{2}{n^2}(\pi \cos n\pi + \pi \cos n\pi) = \frac{2}{n^2}(2\pi \cos n\pi) = \frac{4\pi}{n^2}(\cos n\pi)$$

note que $\cos n\pi = (-1)^n$

$$\therefore \int_{-\pi}^{\pi} x^2 \cos nx\, dx = \frac{4\pi}{n^2}(-1)^n$$

20. Obtenga la formula que exprese la integral $\int \frac{\ln x}{x^n} dx$

    Solución

    Note que
    $$\int \frac{\ln x}{x^n} dx = \int x^{-n} \ln x\, dx$$

    aplicando por partes, tomando
    $$u = \ln x \implies du = \frac{1}{x} dx$$

    $$dv = x^{-n} dx \implies v = \frac{x^{-n+1}}{-n+1} = \frac{x^{-n+1}}{1-n}$$

    $$\begin{aligned}\int \frac{\ln x}{x^n} dx &= \frac{x^{-n+1} \ln x}{(1-n)} - \frac{1}{1-n} \int \frac{x^{-n+1}}{x} dx \\ &= -\frac{\ln x}{(n-1)x^{n-1}} + \frac{1}{n-1} \int x^{-n} dx \\ &= -\frac{\ln x}{(n-1)x^{n-1}} + \frac{1}{n-1} \left(\frac{x^{-n+1}}{-n+1}\right) + C\end{aligned}$$

    $$\therefore \int \frac{\ln x}{x^n} dx = -\frac{\ln x}{(n-1)x^{n-1}} - \frac{1}{(n-1)^2 x^{n-1}} + C$$

    $$\int \frac{\ln x}{x^n} dx = -\frac{1}{(n-1)x^{n-1}}\left(\ln x + \frac{1}{(n-1)}\right) + C$$

21. Obtenga la formula que exprese la integral $\int x^a (\ln x)^m dx$

    Solución

    Si tomamos
    $$u = (\ln x)^m \implies du = \frac{m(\ln x)^{m-1}}{x} dx$$

    $$dv = x^a dx \implies v = \frac{x^{a+1}}{a+1}$$

tendremos que

$$\int x^a (\ln x)^m dx = \frac{x^{a+1}(\ln x)^m}{a+1} - \frac{m}{a+1} \int \frac{x^{a+1}(\ln x)^{m-1}}{x} dx$$
$$= \frac{x^{a+1}(\ln x)^m}{a+1} - \frac{m}{a+1} \int x^a (\ln x)^{m-1} dx$$

aplicando por partes a $\int x^a (\ln x)^{m-1} dx$

$$w = (\ln x)^{m-1} \Longrightarrow dw = \frac{(m-1)(\ln x)^{m-2}}{x} dx$$

$$dz = x^a dx \Longrightarrow z = \frac{x^{a+1}}{a+1}$$

$$\Longrightarrow \int x^a (\ln x)^{m-1} dx = \frac{x^{a+1}}{a+1}(\ln x)^{m-1} - \frac{(m-1)}{a+1} \int \frac{x^{a+1}(\ln x)^{m-2}}{x} dx$$

sustituyendo

$$\int x^a (\ln x)^m dx = \frac{x^{a+1}(\ln x)^m}{a+1}$$
$$- \frac{m}{a+1} \left[\frac{x^{a+1}}{a+1}(\ln x)^{m-1} - \frac{(m-1)}{a+1} \int x^a (\ln x)^{m-2} dx \right]$$
$$= \frac{x^{a+1}(\ln x)^m}{a+1} - \frac{mx^{a+1}(\ln x)^{m-1}}{(a+1)^2}$$
$$+ \frac{m(m-1)}{(a+1)^2} \int x^a (\ln x)^{m-2} dx$$

$$\therefore \int x^a (\ln x)^m dx = \frac{x^{a+1}(\ln x)^m}{a+1} - \frac{mx^{a+1}(\ln x)^{m-1}}{(a+1)^2}$$
$$+ \frac{m(m-1)}{(a+1)^2} \int x^a (\ln x)^{m-2} dx$$

22. Verifique que si n es par positivo es posible evalúar la integral $\int x^n e^{-x^2} dx$ en terminos de funciones elementales y de la integral $\int e^{-x^2} dx$.

Solución

Si n es par $\Longrightarrow n = 2m \ni m \in \mathbb{Z}^+$

$$\int x^n e^{-x^2} dx = \int x^{2m} e^{-x^2} dx = \int x^{2m-1} x e^{-x^2} dx$$

tomando
$$u = x^{2m-1} \implies du = (2m-1)x^{2m-2}dx$$
$$dv = xe^{-x^2} dx \implies v = -\frac{1}{2}e^{-x^2}$$

$$\therefore \int x^{2m} e^{-x^2} dx = -\frac{1}{2}x^{2m-1}e^{-x^2} + \frac{2m-1}{2}\int x^{2m-2}e^{-x^2} dx$$

23. Evalúe $\int \sin(\ln x) dx$

Solución

Tomando
$$u = \sin(\ln x) \implies du = \frac{\cos(\ln x)}{x} dx$$
$$dv = dx \implies v = x$$

entonces
$$\int \sin(\ln x) dx = x\sin(\ln x) - \int \frac{x\cos(\ln x)}{x} dx = x\sin(\ln x) - \int \cos(\ln x) dx$$

aplicandole por partes a $\int \cos(\ln x) dx$
$$u = \cos(\ln x) \implies du = -\frac{\sin(\ln x)}{x} dx$$
$$dv = dx \implies v = x$$

$$\int \sin(\ln x) dx = x\sin(\ln x) - \int \frac{x\cos(\ln x)}{x} dx = x\sin(\ln x) - \int \cos(\ln x) dx$$
$$= x\sin(\ln x) - \left(x\cos(\ln x) - \int \frac{-x\sin(\ln x)}{x} dx \right)$$
$$= x\sin(\ln x) - x\cos(\ln x) - \int \sin(\ln x) dx$$

$$2\int \sin(\ln x) dx = x\sin(\ln x) - x\cos(\ln x) + C$$

$$\therefore \int \sin(\ln x) dx = \frac{x\sin(\ln x) - x\cos(\ln x)}{2} + C$$

CAPÍTULO 2. INTEGRACIÓN POR PARTES

24. Evalúe $\displaystyle\int \frac{x^3 e^{x^2}}{(1+x^2)^2} dx$

    Solución

    Fijese que
    $$\int \frac{x^3 e^{x^2}}{(1+x^2)^2} dx = \int \frac{x \cdot x^2 e^{x^2}}{(1+x^2)^2} dx$$

    entonces tomando
    $$u = x^2 e^{x^2} \implies du = \left(2xe^{x^2} + 2x^3 e^{x^2}\right) dx$$
    $$du = 2xe^{x^2}(1+x^2) dx$$
    $$dv = \frac{x}{(1+x^2)^2} dx \implies v = \frac{-1}{2(1+x^2)}$$

    entonces
    $$\begin{aligned}
    \int \frac{x^3 e^{x^2}}{(1+x^2)^2} dx &= -\frac{x^2 e^{x^2}}{2(1+x^2)} + \int \frac{2xe^{x^2}(1+x)}{2(1+x^2)} dx \\
    &= -\frac{x^2 e^{x^2}}{2(1+x^2)} + \frac{1}{2}\int 2xe^{x^2} dx \\
    &= -\frac{x^2 e^{x^2}}{2(1+x^2)} + \frac{1}{2}e^{x^2} + C = \frac{1}{2}e^{x^2} - \frac{x^2 e^{x^2}}{2(1+x^2)} + C \\
    &= \frac{1}{2}e^{x^2}\left(1 - \frac{x^2}{1+x^2}\right) + C = \frac{1}{2}e^{x^2}\left(\frac{1+x^2-x^2}{1+x^2}\right) + C \\
    \therefore \int \frac{x^3 e^{x^2}}{(1+x^2)^2} dx &= \frac{1}{2}e^{x^2}\left(\frac{1}{1+x^2}\right) + C
    \end{aligned}$$

Capítulo 3

Integrales Trigonométricas

Antes de empesar daremos a conocer algunas de las identidades trigonométricas que se tendran pendiente.

$$\sin^2 + \cos^2 x = 1$$

$$\sin(x+y) = \sin x \cos y + \sin y \cos x$$

$$\cos(x+y) = \cos x \cos y - \sin x \sin y$$

$$\sin(x-y) = \sin x \cos y - \sin y \cos x$$

$$\cos(x-y) = \cos x \cos y + \sin x \sin y$$

3.1. Producto de seno y coseno con argumentos distintos

3.1.1 Integral de la forma $\int \sin nx \cos mx dx$

Concidere la integral de la forma

$$\int \sin nx \cos mx dx \quad \ni n \neq m$$

Note que si
$$\sin(n+m)x = \sin nx \cos mx + \sin mx \cos nx$$
y
$$\sin(n-m)x = \sin nx \cos mx - \sin mx \cos nx$$
sumando ambas expresiones tendremos
$$\sin(n+m)x + \sin(n-m)x = 2\sin nx \cos mx$$
$$\sin nx \cos mx = \frac{1}{2}[\sin(n+m)x + \sin(n-m)x]$$
de donde se tiene que
$$\int \sin nx \cos mx \, dx = \frac{1}{2}\int [\sin(n+m)x + \sin(n-m)x] dx$$

3.1.2 Integral de la forma $\int \sin nx \sin mx \, dx$ ó $\int \cos nx \cos mx \, dx$

Concidere la integral de la forma
$$\int \sin nx \sin mx \, dx \quad \ni n \neq m$$
y
$$\int \cos nx \cos mx \, dx \quad \ni n \neq m$$

Fijese que
$$\cos(n+m)x = \cos nx \cos mx - \sin nx \sin mx \quad \textbf{(1)}$$
$$\cos(n-m)x = \cos nx \cos mx + \sin nx \sin mx \quad \textbf{(2)}$$
note que sumando (1) y (2) obtendremos
$$\cos nx \cos mx = \frac{1}{2}[\cos(n+m)x + \cos(n-m)x]$$
y si restamos (1) y (2)
$$\sin nx \sin mx = \frac{1}{2}[\cos(n-m)x - \cos(n+m)x]$$
de donde se puede observar que
$$\int \sin nx \sin mx \, dx = \frac{1}{2}\int [\cos(n-m)x - \cos(n+m)x] dx$$

CAPÍTULO 3. INTEGRALES TRIGONOMÉTRICAS

y
$$\int \cos nx \cos mx\, dx = \frac{1}{2}\int [\cos(n-m)x - \cos(n+m)x]dx$$

Ejercicios Resueltos

1. Evalúe $\int \sin 4x \cos 5x\, dx$

   Solución
   $$\begin{aligned}\int \sin 4x \cos 5x\, dx &= \frac{1}{2}\int [\sin(4+5)x + \sin(4-5)x]dx\\ &= \frac{1}{2}\int [\sin 9x + \sin(-x)]dx = \frac{1}{2}\int [\sin 9x - \sin x]dx\\ &= \frac{1}{2}\left(-\frac{\cos 9x}{9} + \cos x\right) + C\end{aligned}$$
   $$\therefore \int \sin 4x \cos 5x\, dx = \frac{\cos x}{2} - \frac{\cos 9x}{18} + C$$

2. Evalúe $\int \sin x \sin 3x\, dx$

   Solución
   $$\int \sin x \sin 3x\, dx = \frac{1}{2}\int [\cos(1-3)x - \cos(1+3)x]dx = \frac{1}{2}\int [\cos(-2x) - \cos(4x)]dx$$
   $$= \frac{1}{2}\left(\frac{\sin(-2x)}{-2}\right) - \frac{1}{2}\left(\frac{\sin 4x}{4}\right) + C$$
   $$\int \sin x \sin 3x\, dx = \frac{\sin(2x)}{4} - \frac{\sin 4x}{8} + C$$

3. **Evalúe** $\int \sin 10x \sin 3x\, dx$

   Solución

   $$\int \sin 10x \sin 3x\, dx = \frac{1}{2}\int [\cos(10-3)x - \cos(10+3)x]\, dx$$
   $$= \frac{1}{2}\int [\cos 7x - \cos 13x]\, dx$$
   $$= \frac{1}{2}\left(\frac{\sin 7x}{7} - \frac{\sin 13}{13}\right) + C$$
   $$\therefore \int \sin 10x \sin 3x\, dx = \frac{\sin 7x}{14} - \frac{\sin 13}{26} + C$$

4. **Evalúe** $\int \cos(-6x)\cos 7x\, dx$

   Solución

   $$\int \cos(-6x)\cos 7x\, dx = \frac{1}{2}\int [\cos x + \cos 13x]\, dx$$
   $$= \frac{1}{2}\left(\sin x + \frac{\cos 13x}{13}\right) + C$$
   $$\therefore \int \cos(-6x)\cos 7x\, dx = \frac{\sin}{2}x + \frac{\cos 13x}{26} + C$$

5. **Si n y m son enteros positivos demuestre que**

   $$\int_{-\pi}^{\pi} \sin nx \sin mx\, dx = \begin{cases} 0, & \text{si } n \neq m \\ \pi & \text{si } n = m \end{cases}$$

   Solución

   Si $n \neq m \Longrightarrow$

   $$\int_{-\pi}^{\pi} \sin nx \sin mx\, dx = \frac{1}{2}\int_{-\pi}^{\pi} [\cos(n-m)x - \cos(n+m)x]\, dx$$
   $$= \frac{1}{2}\left[\frac{\sin(n-m)x}{n-m} - \frac{\sin(n+m)x}{n+m}\right]_{-\pi}^{\pi}$$

   recuerde $\sin k\pi = 0$ para $k \in \mathbb{Z}$

   $$= \frac{1}{2}(0) = 0$$

CAPÍTULO 3. INTEGRALES TRIGONOMÉTRICAS

$$\therefore \int_{-\pi}^{\pi} \sin nx \sin mx\, dx = 0 \quad \text{si} \quad n \neq m$$

Si $n = m \implies$

$$\int_{-\pi}^{\pi} \sin nx \sin mx\, dx = \int_{-\pi}^{\pi} \sin^2 nx\, dx = \frac{1}{2}\int_{-\pi}^{\pi}(1-\cos 2nx)dx$$

$$= \left.\frac{x}{2} - \frac{\sin 2nx}{2n}\right|_{-\pi}^{\pi} = \frac{1}{2}(\pi - (-\pi)) = \frac{1}{2}(2\pi) = \pi$$

$$\therefore \int_{-\pi}^{\pi} \sin nx \sin mx\, dx = \pi \quad \text{si } n = m$$

6. Evalúe $\int \cos 5x \cos 4x\, dx$

   Solución

$$\int \cos 5x \cos 4x\, dx = \frac{1}{2}\int [\cos 5x + \cos 3x]dx$$

$$\int \cos 5x \cos 4x\, dx = = \frac{\sin 5x}{10} + \frac{\sin 3x}{6} + C$$

3.2. Productos de pontencias de seno y coseno

Considere la integral de la forma

$$\int \sin^m x \cos^n x\, dx \quad \ni m, n \in \mathbb{Z}^+$$

consideremos los siguientes casos:

(1) Si m y n son ambos pares $\implies$ en $\int \cos^n x \sin^m x\, dx$ se sustituyen

$$\sin^2 x = \frac{1 - \cos 2x}{2} \quad \text{y} \quad \cos^2 x = \frac{1 + \cos 2x}{2}$$

para reducir el integrando en potencias menores de $\cos 2x$.

(2) Si m es impar $\implies m = 2k+1 \ni k \in \mathbb{Z}^+ \implies \sin^2 x = 1 - \cos^2 x$

$$\sin^m x = \sin^{2k+1} x = \sin^{2k} x \sin x = (\sin^2 x)^k \sin x = (1 - \cos^2 x)^k \sin x$$

se sustituye en la integral y se aplica sustitución basíca usando $u = \cos x$.

(3) Si m es par y n es impar $\implies$ en $\int \sin^m x \cos^n x\, dx$ **tomamos a** $n = 2k+1 \ni$

$$\cos^n x = \cos^{2k+1} x = (\cos^2 x)^k \cos x = (1 - \sin^2 x)^k \cos x$$

se sustituye en la integral y se aplica sustitución basíca usando $u = \sin x$.

Ejercicios Resueltos

1. Evalúe $\int \cos^5 x\, dx$

    Solución

    Como 5 es un número impar

    $$\Longrightarrow \int \cos^5 x\, dx = \int \cos^4 x \cos x\, dx = \int (1-\sin^2 x)^2 \cos x\, dx$$

    si tomamos $u = \sin x \Longrightarrow du = \cos x\, dx$ entonces

    $$\int \cos^5 x\, dx = \int (1-u^2)^2 du = \int (1 - 2u^2 + u^4)du$$

    $$\int \cos^5 x\, dx = u - \frac{2}{3}u^3 + \frac{1}{5}u^5 + C$$

    sustituyendo $u = \sin x$

    $$\therefore \int \cos^5 x\, dx = \sin x - \frac{2}{3}\sin^3 x + \frac{1}{5}\sin^5 x + C$$

2. Evalúe $\int \sin^3 x \cos^2 x\, dx$

    Solución

    Como $m = 3$ **impar** y $n = 2$ **par** $\Longrightarrow$

    $$\int \sin^3 x \cos^2 x\, dx = \int \sin^2 x \sin x \cos^2 x\, dx = \int (1 - \cos^2 x) \sin x \cos^2 x\, dx$$

    tomando $\quad u = \cos x \Longrightarrow du = -\sin x\, dx$

    $$\int \sin^3 x \cos^2 x\, dx = -\int (1-u^2) u^2 du = -\int (u^2 - u^4) du$$

    $$= -\frac{u^3}{3} + \frac{u^5}{5} + C = \frac{\cos^5 x}{5} - \frac{\cos^3 x}{3} + C$$

    sustituyendo $\quad u = \cos x$

    $$\therefore \int \sin^3 x \cos^2 x\, dx = \frac{\cos^5 x}{5} - \frac{\cos^3 x}{3} + C$$

3. **Evalúe** $\int \sen^2 x \cos^4 x\, dx$

   Solución

   Como ambas potencias son pares tendremos que
   $$\sin^2 x = \frac{1-\cos 2x}{2} \quad \text{y} \quad \cos^2 x = \frac{1+\cos 2x}{2}$$

   $$\begin{aligned}
   \int \sin^2 x \cos^4 x\, dx &= \int \left(\frac{1-\cos 2x}{2}\right)\left(\frac{1+\cos 2x}{2}\right)^2 dx \\
   &= \frac{1}{2^3}\int (1-\cos 2x)(1+\cos 2x)^2 dx \\
   &= \frac{1}{8}\int (1-\cos 2x)(1+2\cos 2x+\cos^2 2x)dx \\
   &= \frac{1}{8}\int (1+2\cos 2x+\cos^2 2x-\cos 2x-2\cos^2 2x-\cos^3 2x)dx \\
   &= \frac{1}{8}\int (1+\cos 2x-\cos^2 2x-\cos^3 2x)dx \\
   &= \frac{1}{8}\left(\int dx + \int \cos 2x\, dx - \int \cos^2 2x\, dx - \int \cos^3 2x\, dx\right)
   \end{aligned}$$

   note que $\cos^2 2x = \dfrac{1+\cos 4x}{2}$

   $$\Longrightarrow \int \cos^2 2x\, dx = \int \left(\frac{1+\cos 4x}{2}\right) dx = \frac{1}{2}x + \frac{\sin 4x}{8} + C$$

   por otro lado

   $$\int \cos^3 2x\, dx = \int \cos^2 2x \cos 2x\, dx = \int (1-\sin^2 2x)\cos 2x\, dx$$

   tomando $u = \sin 2x \Longrightarrow du = 2\cos 2x\, dx$, **sustituyendo tendremos que**

   $$\int \cos^3 2x\, dx = \frac{1}{2}\int (1-u^2)du = \frac{1}{2}\left(u - \frac{1}{3}u^3\right) + C$$

   $$\Longrightarrow \int \cos^3 2x\, dx = \frac{1}{2}\sin 2x - \frac{1}{6}\sin^3 2x + C$$

CAPÍTULO 3. INTEGRALES TRIGONOMÉTRICAS

sustituyendo

$$\int \sin^2 x \cos^4 x\,dx = \frac{1}{8}\left(\int dx + \int \cos 2x\,dx - \int \cos^2 2x\,dx - \int \cos^3 2x\,dx\right)$$

$$= \frac{1}{8}\left(x + \frac{\sin 2x}{2} - \frac{x^2}{2} - \frac{\sin 4x}{8} - \frac{\sin 2x}{2} + \frac{\sin^3 2x}{6}\right) + C$$

$$= \frac{1}{8}\left(x - \frac{x^2}{2} - \frac{\sin 4x}{8} + \frac{\sin^3 2x}{6}\right) + C$$

$$\therefore \int \sin^2 x \cos^4 x\,dx = \frac{1}{8}\left(x - \frac{x^2}{2} - \frac{\sin 4x}{8} + \frac{\sin^3 2x}{6}\right) + C$$

4. **Evalúe** $\int \sin^{10} x \cos^3 x\,dx$

   Solución

   Fijese que el coseno tiene potencia impar por lo que

$$\int \sin^{10} x \cos^2 x \cos x\,dx = \int \sin^{10} x \left(1 - \sin^2 x\right) \cos x\,dx$$

   usando la sustitución $\quad u = \sin x \Longrightarrow du = \cos x\,dx$

$$= \int u^{10}\left(1 - u^2\right) du = \frac{u^{11}}{11} - \frac{u^{13}x}{13} + C$$

$$\therefore \int \sin^{10} x \cos^2 x \cos x\,dx = \frac{\sin^{11} x}{11} - \frac{\sin^{13} x}{13} + C$$

5. Evalúe $\int \sin^3 x \cos^3 x\, dx$

   Solución

   Fijese que ambas pontencias son impares; tomemos la potencia de seno ∋

   $$\int \sin^3 x \cos^3 x\, dx = \int \sin^2 x \sin x \cos^3 x\, dx$$
   $$= \int (1 - \cos^2 x) \sin x \cos^3 x\, dx$$

   si $u = \cos x \Longrightarrow du = -\sin x\, dx$

   $$\int \sin^3 x \cos^3 x\, dx = -\int (1 - u^2) u^3\, du = -\int (u^3 - u^5)\, du$$
   $$= -\int u^3\, du + \int u^5\, du = -\frac{1}{4} u^4 + \frac{1}{6} u^6 + C$$
   $$= \frac{\cos^6 x}{6} - \frac{\cos^4 x}{4} + C$$

   $$\therefore \int \sin^3 x \cos^3 x\, dx = \frac{\cos^6 x}{6} - \frac{\cos^4 x}{4} + C$$

6. Evalúe $\int_0^{\pi/2} \sin^7 y\, dy$

   Solución

   Como la potencia es impar procedemos de la siguiente manera

   $$\int_0^{\pi/2} \sin^7 y\, dy = \int_0^{\pi/2} \sin^6 y \sin y\, dy = \int_0^{\pi/2} (\sin^2 y)^3 \sin y\, dy$$
   $$= \int_0^{\pi/2} (1 - \cos^2 y)^3 \sin y\, dy$$

   si $u = \cos y \Longrightarrow du = -\sin y\, dy$

   $$\int_0^{\pi/2} \sin^7 y\, dy = -\int_0^{\pi/2} (1 - u^2)^3\, du = -\int_0^{\pi/2} (1 - 3u^2 + 3u^4 - u^6)\, du$$
   $$= -\left(u - u^3 + \frac{3u^5}{5} - \frac{u^7}{7} \right)_0^{\pi/2}$$

CAPÍTULO 3. INTEGRALES TRIGONOMÉTRICAS

sustituyendo $u = \cos y$

$$\int_0^{\pi/2} \sin^7 y\, dy = -\left(\cos y - \cos^3 y + \frac{3\cos^5 y}{5} - \frac{\cos^7 y}{7}\right)\Big|_0^{\pi/2}$$

recuerde que $\cos(\pi/2) = 0$

$$= -\left(-1 + 1 - \frac{3}{5} + \frac{1}{7}\right) = -\left(\frac{-21 + 5}{35}\right) = \frac{16}{35}$$

$$\therefore \int_0^{\pi/2} \sin^7 y\, dy = \frac{16}{35}$$

7. **Evalúe** $\int \sin^3 x\, dx$

   Solución

$$\int \sin^3 x\, dx = \int (1 - \cos^2 x) \sin x\, dx$$

tomando $u = \cos x$ **se tiene que**

$$= -\cos x + \frac{\cos^3 x}{3} + C$$

8. **Evalúe** $\int \frac{\sin^3 x}{\cos^4 x}\, dx$

   Solución

   Note que

$$\int \frac{\sin^3 x}{\cos^4 x}\, dx = \int \sin^3 x \cos^{-4} x\, dx \implies$$

$$\int \frac{\sin^3 x}{\cos^4 x} dx = \int \cos^{-4} x \sin^2 x \sin x dx = \int \cos^{-4} x (1 - \cos^2 x) \sin x dx$$

$$\text{si } u = \cos x \implies du = -\sin x dx$$

$$\int \frac{\sin^3 x}{\cos^4 x} dx = -\int u^{-4}(1-u^2) du = -\int (u^{-4} - u^{-2}) du = -\frac{u^{-3}}{3} + u^{-1} + C$$

$$= \frac{1}{u} - \frac{1}{3u^3} + C$$

$$\therefore \int \frac{\sin^3 x}{\cos^4 x} dx = \frac{1}{\cos x} - \frac{1}{3\cos^3 x} + C$$

9. **Evalúe** $\int x \cos^3 x \, dx$

Solución

Note que tenemos el producto de una función álgebraica y una trigonométrica, por lo que podemos aplicar el método de integración por partes

si $u = x \implies du = dx$ y $dv = \cos^3 x dx$ por el ejercicio 3 tenemos que $v = \sin x - \frac{1}{3}\sin^3 x$

$$\int x \cos^3 x \, dx = x\left(\sin x - \frac{1}{3}\sin^3 x\right) - \int \left(\sin x - \frac{1}{3}\sin^3 x\right) dx$$

$$= x\left(\sin x - \frac{1}{3}\sin^3 x\right) - \int \sin x dx - \frac{1}{3}\int \sin^3 x dx$$

$$= \text{por el ejercicio 6 tenemos} \int \sin^3 x dx = -\cos x + \frac{\cos^3 x}{3} + C$$

sustituyendo

$$\therefore \int x \cos^3 x \, dx = x \sin x - \frac{x \sin^3 x}{3} + \cos x + \frac{\cos x}{3} - \frac{9 \cos^3 x}{9} + C$$

3.3. Producto de potencias de tangente y secante

(1) Considere la integral de la forma $\int \tan^n x\, dx \ni n \geqslant 2$, se realiza la descomposición
$$\tan^n x = \tan^{n-2} x \tan^2 x$$
luego sustituyendo $\tan^2 x = \sec^2 x - 1$ para obtener
$$\tan^n x = \tan^{n-2} x (\sec^2 x - 1)$$
luego se aplica la sustitución $u = \tan x$.

(2) Considere la integral de la forma $\int \sec^n x\, dx \ni n \geqslant 2$.

(2a) Si n es par se realiza la descomposición
$$\sec^n x = \sec^{n-2} x \sec^2 x = \sec^{n-2} x (\tan^2 x + 1)$$
y se procede a aplicar sustitución básica.

(2b) Si n es impar se descompone de igual manera
$$\sec^n x = \sec^{n-2} x \sec^2 x$$
y se aplica el método de integración por partes.

(3) Considere la integral de la forma $\int \tan^m x \sec^n x\, dx$

(3a) Si n es par se procede a descomponer $\sec^n x$ como sigue:
$$\sec^n x = \sec^{n-2} x \sec^2 x = (\sec^2 x)^{\frac{n-2}{2}} \sec^2 x = (\tan^2 x + 1)^{\frac{n-2}{2}} \sec^2 x$$
luego se aplica la sustitución $u = \tan x$

(3b) Si m es par se procede a descomponer $\tan^m x$ como sigue:
$$\tan^m x = \tan^{m-1} x \tan x = (\tan^2 x)^{\frac{m-1}{2}} \tan x = (\sec^2 x - 1)^{\frac{m-1}{2}} \tan x$$
luego se tiene:
$$\tan^m x \sec^n x = (\sec^2 x - 1)^{\frac{m-1}{2}} \sec^{n-1} x \tan x \sec x$$
y se procede aplicar la sustitución $u = \sec x$

Ejercicios Resueltos

1. Evalúe $\int \tan^4 x\, dx$

   Solución

   $$\int \tan^4 x\, dx = \int \tan^2 x \tan^2 x\, dx = \int (\sec^2 x - 1) \tan^2 x\, dx$$
   $$= \int \sec^2 x \tan^2 x\, dx - \int \tan^2 x\, dx$$

   note que $\int \tan^2 x \sec^2 x\, dx = \int u^2\, du = \dfrac{u^3}{3} + C$
   $u = \tan x \Longrightarrow du = \sec^2 x\, dx$

   $$\int \tan^4 x\, dx = \int \sec^2 x \tan^2 x\, dx - \int (\sec^2 x - 1)\, dx$$
   $$= \dfrac{\tan^3 x}{3} - \tan x + x + C$$

   $$\therefore \int \tan^4 x\, dx = \dfrac{\tan^3 x}{3} - \tan x + x + C$$

2. Evalúe $\int \tan^3 x\, dx$

   Solución

   $$\int \tan^3 x\, dx = \int \tan x \tan^2 x\, dx = \int \tan x (\sec^2 x - 1)\, dx$$
   $$= \int \tan x \sec^2 x\, dx - \int \tan x\, dx$$

   note que $\int \tan x \sec^2 x\, dx = \int u\, du = \dfrac{u^2}{2} + C = \dfrac{\tan^2 x}{2} + C$
   $u = \tan x \Longrightarrow du = \sec^2 x\, dx$

   $$\int \tan^3 x\, dx = \int \tan x \sec^2 x\, dx - \int \tan x\, dx = \dfrac{\tan^2 x}{2} - \ln|\sec x| + C$$
   $$= \dfrac{\tan^2 x}{2} + \ln|\cos x| + C$$

CAPÍTULO 3. INTEGRALES TRIGONOMÉTRICAS

$$\therefore \int \tan^3 x\, dx = \frac{\tan^2 x}{2} + \ln|\cos x| + C$$

3. Evalúe $\int \sec^4 x\, dx$

   Solución

   $$\int \sec^4 x\, dx = \int \sec^2 x \sec^2 x\, dx = \int (\tan^2 x + 1) \sec^2 x\, dx$$

   tomando $\quad u = \tan^2 x \implies du = \sec^2 x\, dx$

   $$\int \sec^4 x\, dx = \int (\tan^2 x + 1)\sec^2 x\, dx = \int (u^2 + 1)\, du$$

   $$= \frac{u^3}{3} + u + C = \frac{\tan^3 x}{3} + \tan x + C$$

   $$\int \sec^4 x\, dx = \frac{\tan^3 x}{3} + \tan x + C$$

4. Evalúe $\int \tan^3 x \sec^3 x\, dx$

   Solución

   $$\int \tan^3 x \sec^3 x\, dx = \int \tan^2 x \sec^2 x \sec x \tan x\, dx$$

   $$= \int (\sec^2 x - 1)\sec^2 x \sec x \tan x\, dx$$

   tomando $\quad u = \sec x \implies du = \sec x \tan x\, dx$

   $$\int \tan^3 x \sec^3 x\, dx = \int (\sec^2 x - 1)\sec^2 x \sec x \tan x\, dx$$

   $$= \int (u^2 - 1) u^2\, du = \int (u^4 - u^2)\, du$$

   $$= \frac{u^5}{5} - \frac{u^3}{3} + C = \frac{\sec^5 x}{5} - \frac{\sec^3 x}{3} + C$$

   $$\therefore \int \tan^3 x \sec^3 x\, dx = \frac{\sec^5 x}{5} - \frac{\sec^3 x}{3} + C$$

5. Evalúe $\int \dfrac{\tan^3 x}{\sqrt{\sec x}} dx$

Solución

$$\int \dfrac{\tan^3 x}{\sqrt{\sec x}} dx = \int \tan^3 x \sec^{-1/2} x\, dx = \int \tan^2 x \tan x \sec^{-3/2} x \sec x\, dx$$

$$= \int (\sec^2 x - 1) \sec^{-3/2} x \sec x \tan x\, dx$$

tomando $\quad u = \sec x \Longrightarrow du = \sec x \tan x\, dx$

$$= \int (u^2 - 1) u^{-3/2} du = \int (u^{1/2} - u^{-3/2}) du$$

$$= \dfrac{2}{3} u^{3/2} + 2u^{-1/2} + C = \dfrac{2}{3} \sec^{3/2} x + 2\sec^{-1/2} x + C$$

$$\therefore \int \dfrac{\tan^3 x}{\sqrt{\sec x}} dx = \dfrac{2}{3} \sec^{3/2} x + \dfrac{2}{\sec^{1/2} x} + C$$

3.4. Integración por sustituciones trigonométricas

Considere un integrando que contenga una expresión de la forma

$$\sqrt{a^2 + x^2},\ \sqrt{a^2 - x^2}\ \text{ó}\ \sqrt{x^2 - a^2}$$

para $a > 0$, entonces, se recomienda usar una sustitución trigonométrica que transforme la integral original en una más facil de resolver.

La sustituciones adecuadas son las siguientes

$$\text{si contiene } \sqrt{a^2 + x^2} \Longrightarrow \text{ se tiene } x = a\tan\theta$$

$$\text{si contiene } \sqrt{a^2 - x^2} \Longrightarrow \text{ se tiene } x = a\sin\theta$$

$$\text{si contiene } \sqrt{x^2 - a^2} \Longrightarrow \text{ se tiene } x = a\sec\theta$$

si $x = a\tan\theta \implies \tan\theta = \dfrac{x}{a} \implies$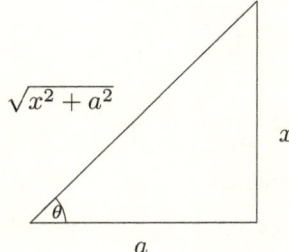

si $x = a\sin\theta \implies \sin\theta = \dfrac{x}{a} \implies$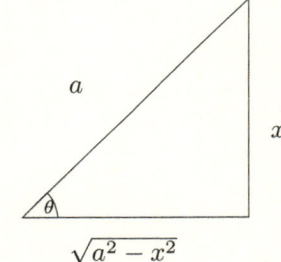

si $x = a\sec\theta \implies \sec\theta = \dfrac{x}{a} \implies$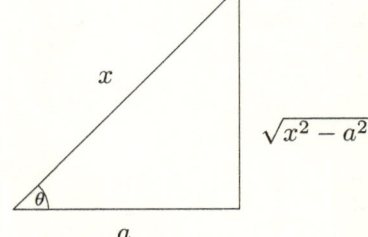

Ejercicios Resueltos

1. Evalúe $\int \dfrac{dx}{x^2\sqrt{4-x^2}}$

   Solución

   Sea $x = a\sin\theta = 2\sin\theta$

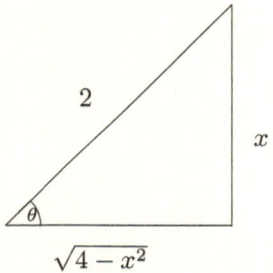

   entonces si $x = 2\sin\theta \Longrightarrow dx = 2\cos\theta d\theta$ fijese que sustituyendo $x = 2\sin\theta \Longrightarrow$

$$\begin{aligned}
\sqrt{4-x^2} &= \sqrt{4-4\sin^2\theta} = \sqrt{4(1-\sin^2\theta)} \\
&= \sqrt{4}\sqrt{1-\sin^2\theta} = 2\sqrt{1-\sin^2\theta} = 2\sqrt{\cos^2\theta}
\end{aligned}$$

$$\therefore \sqrt{4-x^2} = 2\cos\theta \text{ y } dx = 2\cos\theta d\theta$$

$$\begin{aligned}
\Longrightarrow \int \dfrac{dx}{x^2\sqrt{4-x^2}} &= \int \dfrac{2\cos\theta d\theta}{4\sin^2\theta(2)\cos\theta} = \dfrac{1}{4}\int \dfrac{d\theta}{\sin^2\theta} \\
&= \dfrac{1}{4}\int \csc^2\theta d\theta = -\dfrac{1}{4}\cot\theta + C
\end{aligned}$$

sustituyendo $\cot\theta = \dfrac{\text{cateto ad.}}{\text{cateto op.}}$

$$\int \dfrac{dx}{x^2\sqrt{4-x^2}} = -\dfrac{1}{4}\dfrac{\sqrt{4-x^2}}{x} + C$$

2. Evalúe $\int \dfrac{dx}{\sqrt{4+x^2}}$

Solución

Tenemos que $a = 2$, entonces nuestra sustitución adecuada es

$$x = 2\tan\theta \implies dx = 2\sec^2\theta d\theta$$

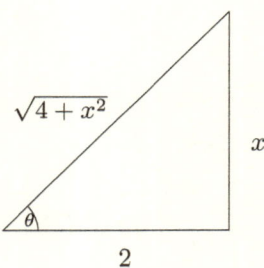

$$\sqrt{4+x^2} = \sqrt{4+4\tan^2\theta} = 2\sqrt{1+\tan^2\theta} = 2\sqrt{\sec^2\theta} = 2\sec\theta$$

de donde tenemos que

$$\int \dfrac{dx}{\sqrt{4+x^2}} = \int \dfrac{2\sec^2\theta d\theta}{2\sec\theta} = \int \sec\theta d\theta = \ln|\sec\theta + \tan\theta| + C$$

sustituyendo según el triangulo

$$\int \dfrac{dx}{\sqrt{4+x^2}} = \ln\left|\dfrac{\sqrt{4+x^2}}{2} + \dfrac{x}{2}\right| + C$$

3. Evalúe $\int \sqrt{25-x^2}\,dx$

Solución

Sea $x = 5\sin\theta$ **entonces** $\sin\theta = \dfrac{x}{5} \implies dx = 5\cos\theta\,d\theta$

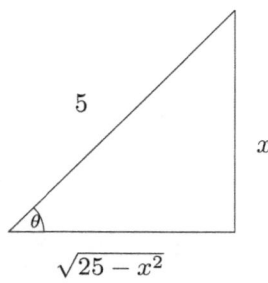

$$\sqrt{25-x^2} = \sqrt{25 - 25\sin^2\theta} = \sqrt{25}\sqrt{1-\sin^2\theta} = 5\cos\theta$$

sustituyendo tendremos

$$\begin{aligned}
\int \sqrt{25-x^2}\,dx &= \int 5\cos\theta(5\cos\theta)d\theta = 25\int \cos^2\theta\,d\theta \\
&= 25\int \frac{1+\cos 2\theta}{2}d\theta = \frac{25}{2}\int (1+\cos 2\theta)d\theta \\
&= \frac{25}{2}\left(\theta + \frac{\sin 2\theta}{2}\right) + C = \frac{25}{2}\left(\theta + \frac{2\sin\theta\cos\theta}{2}\right) + C
\end{aligned}$$

sustituyendo según el triangulo tendremos

$$\begin{aligned}
\int \sqrt{25-x^2}\,dx &= \frac{25}{2}\left(\sin^{-1}\left(\frac{x}{5}\right) + \frac{x}{5}\frac{\sqrt{25-x^2}}{5}\right) + C \\
&= \frac{25\sin^{-1}\left(\frac{x}{5}\right) + x\sqrt{25-x^2}}{2} + C
\end{aligned}$$

CAPÍTULO 3. INTEGRALES TRIGONOMÉTRICAS

4. Evalúe $\int \dfrac{\sqrt{x^2-49}}{x}dx$

Solución

Sea $x = 7\sec\theta \implies \sec\theta = \dfrac{x}{7}$ entonces $dx = 7\sec\theta\tan\theta\, d\theta$

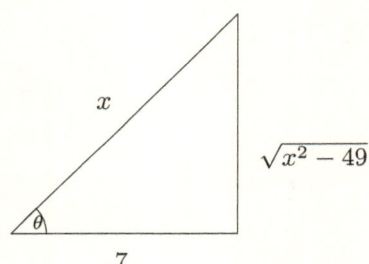

$$\sqrt{x^2-49} = \sqrt{49\sec^2\theta - 49} = \sqrt{49}\sqrt{\sec^2\theta - 1} = 7\tan\theta$$

sustituyendo en la integral

$$\begin{aligned}
\int \dfrac{\sqrt{x^2-49}}{x}dx &= \int \dfrac{7\tan\theta(7\sec\theta\tan\theta)}{7\sec\theta}d\theta = 7\int \tan^2\theta\, d\theta \\
&= 7\int(\sec^2\theta - 1)d\theta = 7(\tan\theta - \theta) + C \\
&= 7\left(\dfrac{\sqrt{x^2-49}}{7} - \sec^{-1}\left(\dfrac{x}{7}\right)\right) + C \\
&= \sqrt{x^2-49} - 7\sec^{-1}\left(\dfrac{x}{7}\right) + C
\end{aligned}$$

$$\therefore \int \dfrac{\sqrt{x^2-49}}{x}dx = \sqrt{x^2-49} - 7\sec^{-1}\left(\dfrac{x}{7}\right) + C$$

5. Evalúe $\int \dfrac{3dx}{\sqrt{1+9x^2}}$

Solución

Fijese que

$$\int \dfrac{3dx}{\sqrt{1+9x^2}} = \int \dfrac{3dx}{\sqrt{9\left(\frac{1}{9}+x^2\right)}} = \int \dfrac{3dx}{3\sqrt{\left(\frac{1}{9}+x^2\right)}}$$
$$= \int \dfrac{dx}{\sqrt{\frac{1}{9}+x^2}}$$

de donde tendremos que

si $x = \frac{1}{3}\tan\theta \Longrightarrow \tan\theta = 3x$ **entonces** $dx = \frac{1}{3}\sec^2\theta d\theta$

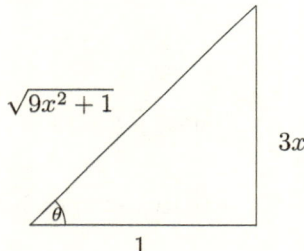

Puede verificarse que

$$\sqrt{1+9x^2} = \sqrt{1+9\left(\dfrac{1}{3}\tan\theta\right)^2} = \sqrt{1+\tan^2\theta} = \sec\theta$$

sustituyendo en la integral

$$\int \dfrac{3dx}{\sqrt{1+9x^2}} = \int \dfrac{3(1/3)\sec^2\theta}{\sec\theta}d\theta = \int \sec\theta d\theta$$
$$= \ln|\sec\theta + \tan\theta| + C$$

sustituyendo según el triangulo

$$\int \dfrac{3dx}{\sqrt{1+9x^2}} = \ln\left|\sqrt{1+9x^2} + 3x\right| + C$$

6. Evalúe $\int \dfrac{\sqrt{x^2-25}}{x^3} dx$

Solución

Sea $x = 5\sec\theta \Longrightarrow \sec\theta = \dfrac{x}{5}$ **entonces** $dx = 5\sec\theta\tan\theta\, d\theta$

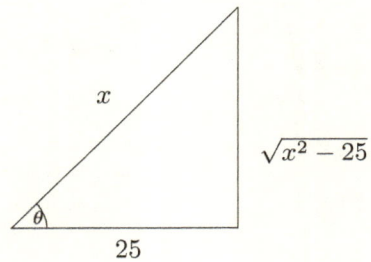

entonces

$$\sqrt{x^2-25} = \sqrt{25\sec^2\theta - 25} = 5\sqrt{\sec^2\theta - 1} = 5\tan\theta$$

$$\int \dfrac{\sqrt{x^2-25}}{x^3} dx = \int \dfrac{5\tan\theta(5\sec\theta\tan\theta)}{125\sec^3\theta} d\theta = \dfrac{5^2}{5^3}\int \dfrac{\tan^2\theta}{\sec^2\theta} d\theta$$

$$= \dfrac{1}{5}\int \dfrac{\frac{\sin^2\theta}{\cos^2\theta}}{\frac{1}{\cos^2\theta}} d\theta = \dfrac{1}{5}\int \sin^2\theta\, d\theta$$

$$= \dfrac{1}{5}\int \dfrac{1-\cos 2\theta}{2} d\theta = \dfrac{1}{10}\int (1-\cos 2\theta) d\theta$$

$$= \dfrac{1}{10}\left(\theta - \dfrac{\sin 2\theta}{2}\right) + C$$

usando $\sin 2\theta = 2\sin\theta\cos\theta$

$$= \dfrac{1}{10}(\theta - \sin\theta\cos\theta) + C$$

sustituyendo según el triangulo

$$\int \dfrac{\sqrt{x^2-25}}{x^3} dx = \dfrac{1}{10}\left(\sec^{-1}\left(\dfrac{x}{5}\right) - \dfrac{\sqrt{x^2-25}}{x}\left(\dfrac{5}{x}\right)\right) + C$$

7. Evalúe $\int \dfrac{dx}{x\sqrt{4+x^2}}$

Solución

Sea $x = 2\tan\theta$ entonces $dx = 2\sec^2\theta d\theta$ de donde tendremos,

$$\int \frac{dx}{x\sqrt{4+x^2}} = \frac{1}{2}\int \frac{\sec^2\theta d\theta}{\tan\theta\sqrt{1+\tan^2\theta}}$$
$$= \frac{1}{2}\int \frac{\sec\theta}{\tan\theta}d\theta = \int \csc\theta d\theta$$
$$= -\frac{1}{2}\ln|\csc\theta + \cot\theta| + C$$

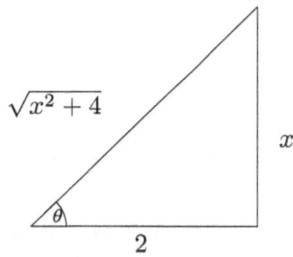

sustituyendo según el triangulo

$$\int \frac{dx}{x\sqrt{4+x^2}} = -\frac{1}{2}\ln\left|\frac{\sqrt{x^2+4}}{x} + \frac{2}{x}\right| + C$$

8. Evalúe $\int_1^e \dfrac{dx}{x\sqrt{1+(\ln x)^2}}$

Solución

Fíjese que si tomamos la sustitución $y = \ln x$, entonces $dy = \frac{1}{x}dx$, ahora consideremos los limites de integración

$$\begin{cases} \text{si } x \to e; \text{ entonces } y \to 1 \\ \text{si } x \to 1; \text{ entonces } y \to 0 \end{cases}$$

de donde tendremos que

$$\int_1^e \frac{dx}{x\sqrt{1+(\ln x)^2}} = \int_0^1 \frac{dy}{\sqrt{1+y^2}}$$

sea $y = \tan\theta$, entonces $dy = \sec^2\theta d\theta$, de aqui tenemos que

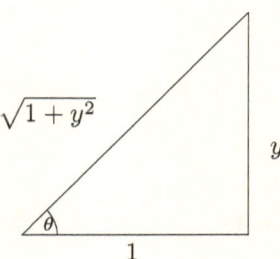

entonces

$$\int \frac{dy}{\sqrt{1+y^2}} = \int \frac{\sec^2\theta}{\sec\theta}d\theta = \int \sec\theta d\theta = \ln|\sec\theta + \tan\theta| + C$$

sustituyendo según el triangulo

$$\int \frac{dy}{\sqrt{1+y^2}} = \ln|\sqrt{1+y^2} + y| + C$$

de donde se tendra que

$$\int_0^1 \frac{dy}{\sqrt{1+y^2}} = \ln|\sqrt{1+y^2} + y|\Big|_0^1 = \ln|\sqrt{2}+1| - \ln 1$$

$$\therefore \int_1^e \frac{dx}{x\sqrt{1+(\ln x)^2}} = \int_0^1 \frac{dy}{\sqrt{1+y^2}} = \ln(\sqrt{2}+1)$$

9. Evalúe $\int \sqrt{\dfrac{4-x}{x}}dx$

Solución

Fijese que no podemos aplicar sustitución trigonométrica de inmediato tomemos $u^2 = x$, entonces $dx = 2udu$; de donde tendremos

$$\int \sqrt{\frac{4-x}{x}}dx = 2\int \sqrt{\frac{4-u^2}{u^2}}udu = 2\int \frac{\sqrt{4-u^2}}{u}udu$$
$$= 2\int \sqrt{4-u^2}du$$

ahora; sea $u = 2\sin\theta \Longrightarrow du = 2\cos\theta d\theta$

$$2\int \sqrt{4-u^2}du = 2\int 4\cos^2\theta d\theta = 8\int \left(\frac{1+\cos 2\theta}{2}\right)d\theta$$
$$= 4\int (1+\cos 2\theta)d\theta = 4\theta + 2\sin 2\theta + C$$
$$= 4\theta + \sin\theta\cos\theta + C$$

sustituyendo según el triangulo

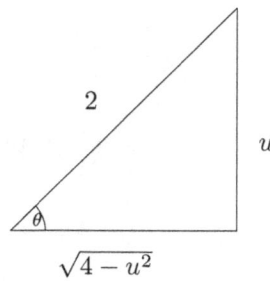

tendremos

$$2\int \sqrt{4-u^2}du = 4\sin^{-1}\left(\frac{u}{2}\right) + \left(\frac{u}{2}\right)\left(\frac{\sqrt{4-u^2}}{2}\right) + C$$

sustituyendo $u^2 = x$

$$\therefore \int \sqrt{\frac{4-x}{x}}dx = 4\sin^{-1}\left(\frac{\sqrt{x}}{2}\right) + \left(\frac{\sqrt{x}}{2}\right)\left(\frac{\sqrt{4-x}}{2}\right) + C$$

CAPÍTULO 3. INTEGRALES TRIGONOMÉTRICAS

10. Evalúe $\int \sqrt{\dfrac{x}{1-x^3}}\, dx$

    Solución

    Fijese que no podemos aplicar sustitución trigonométrica, por lo que tomaremos la sustitución $u^2 = x^3$, entonces $u = x^{3/2}$ y $du = \frac{2}{3}u^{-1/3}du$ de donde tendremos que

$$\int \sqrt{\dfrac{x}{1-x^3}}\, dx = \int \dfrac{\sqrt{u^{2/3}}u^{-1/3}}{\sqrt{1-u^2}}\, du = \int \dfrac{u^{1/3}u^{-1/3}}{\sqrt{1-u^2}}\, du$$
$$= \int \dfrac{du}{\sqrt{1-u^2}}\, du$$

Ahora si podemos aplicar sustitución trigonométrica. Sea $u = \sin\theta$, entonces $du = \cos\theta d\theta$, de donde tendremos que

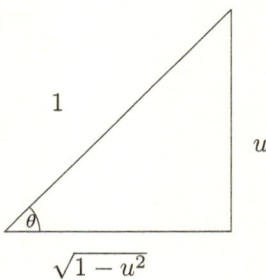

entonces

$$\int \dfrac{du}{\sqrt{1-u^2}}\, du = \int \dfrac{\cos\theta}{\cos\theta}\, d\theta = \int d\theta = \theta + C$$

sustituyendo según el triangulo

$$\int \dfrac{du}{\sqrt{1-u^2}}\, du = \sin^{-1} u + C$$

sustituyendo $u = x^{3/2}$, entonces

$$\therefore \int \sqrt{\dfrac{x}{1-x^3}}\, dx = \sin^{-1}\left(x^{3/2}\right) + C$$

11. Evalúe $\int \dfrac{x^2\,dx}{(x^2-1)^{5/2}}$

Solución

Sea $x = \sec\theta$, entonces $dx = \sec\theta\tan\theta\,d\theta$ y tendremos

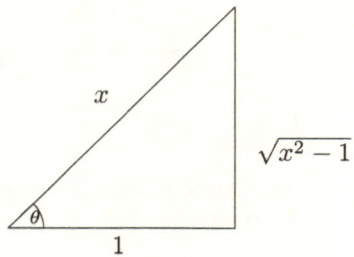

note que $(x^2-1)^{5/2} = (\sec^2\theta - 1)^{5/2} = \tan^5\theta$, **de donde tendremos que**

$$\int \dfrac{x^2\,dx}{(x^2-1)^{5/2}} = \int \dfrac{\sec^2\theta \sec\theta \tan\theta}{\tan^5\theta}\,d\theta = \int \dfrac{\sec^3\theta}{\tan^4\theta}\,d\theta$$

$$= \int \dfrac{\frac{1}{\cos^3\theta}}{\frac{\sin^4\theta}{\cos^4\theta}}\,d\theta = \int \dfrac{\cos\theta}{\sin^4\theta}\,d\theta$$

fijese que si tomamos $u = \sin\theta$

$$\int \dfrac{\cos\theta}{\sin^4\theta}\,d\theta = \int u^{-4}\,du = -\dfrac{u^{-3}}{3} + C = -\dfrac{1}{3u^3} + C$$

$$= -\dfrac{1}{3\sin^3\theta} + C$$

sustituyendo según el triangulo

$$\int \dfrac{x^2\,dx}{(x^2-1)^{5/2}} = -\dfrac{1}{3\left(\dfrac{\sqrt{x^2-1}}{x}\right)^3} + C = -\dfrac{x^3}{3\left(\sqrt{x^2-1}\right)^3} + C$$

Capítulo 4

Integración de funciones racionales por medio de fracciones parciales

Una fracción álgebraica es el cociente de dos funciones polinomicas. Esto es

$$r(x) = \frac{f(x)}{g(x)}$$

en la cual $f(x)$ y $g(x)$ son polinomios tal que $g(x) \neq 0$.

Si el grado de $g(x)$ es mayor que el de $f(x)$, entonces se dice que es una fracción racional.

Una fracción racional se dice ser simple si es de la forma

$$\frac{A}{ax+b} \quad \text{ó} \quad \frac{Ax+B}{ax^2+bx+C}$$

El artificio de integración mediante fracciones simples se fundamenta en la descomposición de una fracción racional en un conjunto de fracciones racionales sumando, lo cual es posible, siempre y cuando el denominador pueda descomponese en factores de primer y segundo grado irreducibles.

Tendremos los siguientes casos

(A) Cuando el denominador puede descomponese en factores de primer grado no repetidos, esto es

$$\frac{f(x)}{g(x)} = \frac{f(x)}{(a_1x + b_1)(a_2x + b_2)\ldots(a_nx + b_n)}$$

entonces

$$\frac{f(x)}{g(x)} = \frac{A_1}{a_1x + b_1} + \frac{A_2}{a_2x + b_2} + \ldots + \frac{A_n}{a_nx + b_n}$$

en donde $A_1, A_2, \ldots, A_n$ son constantes cuyos valores se determinan utilizando el segundo procedimiento de los siguientes

(A.1) Multiplicar por el denominador común; esto es

$$f(x) = A_1(a_2x + b_2)(a_3x + b_3) \quad \ldots \quad (a_nx + b_n)$$

$$+ A_2(a_1x + b_1)(a_3x + b_3) \quad \ldots \quad (a_nx + b_n) +$$

$$\ldots + A_n(a_1x + b_1)(a_2x + b_2) \quad \ldots \quad (a_{n-1}x + b_{n-1})$$

(A.2) Desarrollar, agrupar y utilizar identidad de polinomios para formar el sistema, que al ser resuelto nos dara los valores de $A_1, A_2, \ldots, A_n$.

(A.3) Integral la fracción simple, esto es

$$\int \frac{f(x)}{g(x)} dx = \int \left(\frac{A_1}{a_1x + b_1} + \frac{A_2}{a_2x + b_2} + \ldots + \frac{A_n}{a_nx + b_n} \right) dx$$

$$= \frac{A_1}{a_1} \ln(a_1x + b_1) + \frac{A_2}{a_2} \ln(a_2x + b_2) +$$

$$\ldots + \frac{A_n}{a_n} \ln(a_nx + b_n) + C$$

(B) Cuando el denominador $g(x)$, puede descomponese en un factore de primer grado repetido n veces, esto es

$$\frac{f(x)}{g(x)} = \frac{f(x)}{(ax + b)^n}$$

$$= \frac{A_1}{(ax + b)^n} + \frac{A_2}{(ax + b)^{n-1}} + \ldots + \frac{A_n}{ax + b}$$

en donde $A_1, A_2, \ldots, A_n$ son constantes cuyos valores se determinan utilizando el procedimiento descrito en el caso **A**.

CAPÍTULO 4. INTEGRACIÓN DE FUNCIONES RACIONALES POR MEDIO DE FRACCIONES PARCIALES

(C) Cuando el denominador $g(x)$ puede descomponese en factores de segundo grado irreducibles no repetidos, esto es

$$\frac{f(x)}{g(x)} = \frac{f(x)}{(a_1x^2 + b_1x + c_1)(a_2x^2 + b_2x + c_2)\dots(a_nx^2 + b_nx + c_n)}$$

entonces

$$\frac{f(x)}{g(x)} = \frac{A_1x + B_1}{a_1x^2 + b_1x + c_1} + \frac{A_2x + B_2}{a_2x^2 + b_2x + c_2} + \dots \frac{A_nx + B_n}{a_nx^2 + b_nx + c_n}$$

en donde $A_1, A_2, \dots, A_n, B_1, B_2, \dots, B_n$ son constantes cuyos valores se determinan utilizando el procedimiento descrito en el caso A.

(D) Cuando el denominador $g(x)$, puede descomponese en un factore de segundo grado repetido $\frac{n}{2}$ veces, esto es

$$\frac{f(x)}{g(x)} = \frac{f(x)}{(ax + bx + C)^{n/2}}$$

$$= \frac{A_1x + B_1}{(ax^2 + bx + c)^{n/2}} + \frac{A_2x + B_2}{(ax^2 + bx + c)^{n/2-1}} + \dots + \frac{A_{n/2}x + B_{n/2}}{ax^2 + bx + c}$$

en donde $A_1, A_2, \dots, A_n, B_1, B_2, \dots, B_n$ son constantes cuyos valores se determinan utilizando el procedimiento descrito en el caso A.

Ejercicios Resueltos

1. Evalúe $\int \dfrac{dx}{x^4 - 1}$

   Solución

   Factorizando $x^4 - 1$ tenemos

   $$x^4 - 1 = (x^2 - 1)(x^2 + 1) = (x + 1)(x - 1)(x^2 + 1)$$

   descomponiendo en fracciones parciales tenemos

   $$\frac{1}{x^4 - 1} = \frac{1}{(x^2 - 1)(x^2 + 1)} = \frac{1}{(x + 1)(x - 1)(x^2 + 1)}$$

   hagamos

   $$\frac{1}{(x + 1)(x - 1)(x^2 + 1)} = \frac{A}{x + 1} + \frac{B}{x - 1} + \frac{Cx + D}{x^2 + 1}$$

multiplicando ambos lados de la igualdad por $(x+1)(x-1)(x^2+1)$ tendremos

$$\begin{aligned} 1 &= A(x-1)(x^2+1) + B(x+1)(x^2+1)(Cx+D)(x+1)(x-1) \\ &= A(x^3-x^2+x-1) + B(x^3+x^2+x+1) + C(x^3-x) + D(x^2-1) \end{aligned}$$

por igualdad de polinomios, igualando coeficientes, tendremos

$$\begin{array}{rlllllll} x^3 & : & A & + & B & + & C & & & = & 0 \\ x^2 & : & -A & + & B & & & + & D & = & 0 \\ x & : & A & + & B & - & C & & & = & 0 \\ x^0 & : & -A & + & B & & & - & D & = & 1 \end{array}$$

resolviendo el sistema de ec. lineales tendremos que

$$A = -1/4, \ B = 1/4, \ C = 0 \ \text{y} \ D = -1/2$$

entonces tendremos que

$$\frac{1}{x^4-1} = \frac{-1/4}{x+1} + \frac{1/4}{x-1} + \frac{-1/2}{x^2+1}$$

por tanto

$$\begin{aligned} \int \frac{1}{x^4-1} dx &= -\frac{1}{4} \int \frac{dx}{x+1} + \frac{1}{4} \int \frac{dx}{x-1} - \frac{1}{2} \int \frac{dx}{x^2+1} \\ &= -\frac{1}{4} \ln|x+1| + \frac{1}{4} \ln|x-1| - \frac{1}{2} \tan^{-1} x + C \end{aligned}$$

$$\therefore \int \frac{1}{x^4-1} dx = \frac{1}{4} \ln\left|\frac{x-1}{x+1}\right| - \frac{1}{2} \tan^{-1} x + C$$

2. Evalúe $\displaystyle\int \frac{x^2+4x+1}{(x-1)(x+1)(x+3)} dx$

Solución

Descomponiendo en fracciones parciales tenemos

$$\frac{x^2+4x+1}{(x-1)(x+1)(x+3)} = \frac{A}{x-1} + \frac{B}{x+1} + \frac{C}{x+3}$$

multiplicando por $(x-1)(x+1)(x+3)$ de ambos lados de la igualdad tendremos

$$\begin{aligned} x^2 + 4x + 1 &= A(x+1)(x+3) + B(x-1)(x+3) + C(x-1)(x+1) \\ &= A(x^2 + 4x + 3) + B(x^2 + 2x - 3) + C(x^2 - 1) \end{aligned}$$

por igualdad de polinomios, igualando coeficientes, tendremos

$$\begin{array}{rlrlrlrl} x^2 & : & A & + & B & + & C & = 1 \\ x & : & 4A & + & 2B & & & = 4 \\ x^0 & : & 3A & - & 3B & - & C & = 1 \end{array}$$

resolviendo el sistema de ec. lineales tendremos que

$$A = 3/4, \ B = 1/2, \ \text{y} \ C = -1/4$$

entonces tendremos que

$$\begin{aligned} \int \frac{x^2 + 4x + 1}{(x-1)(x+1)(x+3)} dx &= \int \left(\frac{3}{4} \frac{1}{x-1} + \frac{1}{2} \frac{1}{x+1} - \frac{1}{4} \frac{1}{x+3} \right) dx \\ &= \frac{3}{4} \int \frac{1}{x-1} dx + \frac{1}{2} \int \frac{1}{x+1} dx - \frac{1}{4} \int \frac{1}{x+3} dx \\ &= \frac{3}{4} \ln \left| \frac{1}{x-1} \right| + \frac{1}{2} \ln \left| \frac{1}{x+1} \right| - \frac{1}{4} \ln \left| \frac{1}{x+3} \right| + C \\ \therefore \int \frac{x^2 + 4x + 1}{(x-1)(x+1)(x+3)} dx &= \frac{3}{4} \ln \left| \frac{1}{x-1} \right| + \frac{1}{2} \ln \left| \frac{1}{x+1} \right| - \frac{1}{4} \ln \left| \frac{1}{x+3} \right| + C \end{aligned}$$

3. Evalúe $\int \dfrac{2x^3 - 4x^2 - x - 3}{x^2 - 2x - 3} dx$

Solución

Note que en la fracción del integrando el grado del numerador es de mayor grado que el denominador, por lo que podemos dividir y tendremos que

$$\frac{2x^3 - 4x^2 - x - 3}{x^2 - 2x - 3} = 2x + \frac{5x - 3}{x^2 - 2x - 3}$$

descomponiendo en fracciones parciales el segundo termino del lado derecho

$$\frac{5x - 3}{x^2 - 2x - 3} = \frac{5x - 3}{(x-3)(x+1)} = \frac{A}{x+1} + \frac{B}{x-3}$$

multiplicando ambos lado de la igualdad por $(x-3)(x+1)$ se tendra

$$5x - 3 = A(x-3) + B(x+1) = (A+B)x - 3A + B$$

por igualdad de polinomios, igualando coeficientes, tendremos

$$\begin{array}{rcrcrcr} x & : & A & + & B & = & 5 \\ x^0 & : & -3A & + & B & = & -3 \end{array}$$

resolviendo el sistema de ec. lineales tendremos que $A=2$ y $B=3$, entonces

$$\frac{2x^3 - 4x^2 - x - 3}{x^2 - 2x - 3} = 2x + \frac{2}{x+1} + \frac{3}{x-3}$$

entonces

$$\begin{aligned} \int \frac{2x^3 - 4x^2 - x - 3}{x^2 - 2x - 3} dx &= 2\int x\,dx + \int \frac{2}{x+1}dx + \int \frac{3}{x-3}dx \\ &= x^2 + 2\ln|x+1| + 3\ln|x-3| + C \end{aligned}$$

$$\therefore \int \frac{2x^3 - 4x^2 - x - 3}{x^2 - 2x - 3} dx = x^2 + 2\ln|x+1| + 3\ln|x-3| + C$$

4. Evalúe $\int \dfrac{2x^2 + 5x - 1}{x^3 + x^2 - 2x} dx$

Solución

Factorizando el denominador del integrando tendremos

$$x^3 + x^2 - 2x = x(x^2 + x - 2) = x(x+2)(x-1)$$

la descomposición en fracciones parciales del integrando seía

$$\frac{2x^2 + 5x - 1}{x(x+2)(x-1)} = \frac{A}{x} + \frac{B}{x+2} + \frac{C}{x-1}$$

multiplicando en ambos lados de la igualdad por $x(x+2)(x-1)$, tendremos

$$2x^2 + 5x - 1 = A(x+2)(x-1) + Bx(x-1) + Cx(x+2)$$

usando el método de Heaviside (estudiar en uno de los textos de la Bibliografía), tendremos

si $x = 0$, entonces

$$-1 = -2A \Longrightarrow A = 1/2$$

si $x = -2$, entonces
$$-3 = 6B \implies B = -1/2$$

si $x = 1$, entonces
$$6 = 3C \implies C = 2$$

entonces
$$\int \frac{2x^2 + 5x - 1}{x^3 + x^2 - 2x} dx = \frac{1}{2} \int \frac{dx}{x} - \frac{1}{2} \int \frac{dx}{x+2} + 2 \int \frac{dx}{x-1}$$
$$= \frac{1}{2} \ln|x| - \frac{1}{2} \ln|x+2| + 2 \ln|x-1| + C$$

$$\therefore \int \frac{2x^2 + 5x - 1}{x^3 + x^2 - 2x} dx = \ln \left| \frac{\sqrt{x}(x-1)^2}{\sqrt{x+2}} \right| + C$$

5. Evalúe $\displaystyle\int \frac{x^3 + 3}{x^2 - 1} dx$

   Solución

   Note que en la fracción del integrando el grado del numerador es de mayor grado que el denominador, por lo que podemos dividir y tendremos que

   $$\frac{x^3 + 3}{x^2 - 1} = x + \frac{x + 3}{x^2 - 1}$$

   descomponiendo en fracciones parciales el segundo termino del lado derecho

   $$\frac{x + 3}{(x-1)(x+1)} = \frac{A}{x-1} + \frac{B}{x+1}$$

   multiplicando en ambos lados de la igualdad por $(x-1)(x+1)$, tendremos

   $$x + 3 = A(x+1) + B(x-1)$$

   usando el método de Heaviside

   si $x = 1$, entonces
   $$4 = 2A \implies A = 2$$

   si $x = -1$, entonces
   $$2 = -2B \implies B = -1$$

entonces

$$\int \frac{x^3+3}{x^2-1}dx = \int x\,dx + \int \frac{2}{x-1}dx - \int \frac{1}{x+1}dx$$

$$= \frac{x^2}{2} + 2\ln|x-1| - \ln|x-1| + C$$

$$\therefore \int \frac{x^3+3}{x^2-1}dx = \frac{x^2}{2} + \ln\left|\frac{(x-1)^2}{x+1}\right| + C$$

6. Evalúe $\int \frac{dx}{x(x^2+1)^2}$

Solución

La descomposición en fracciones parciales del integrando es

$$\frac{1}{x(x^2+1)^2} = \frac{A}{x} + \frac{Bx+C}{x^2+1} + \frac{Dx+E}{(x^2+1)}$$

multiplicando ambos lados de la igualdad por $x(x^2+1)^2$ tendremos

$$1 = A(x^2+1)^2 + (Bx+C)x(x^2+1) + (Dx+E)x$$
$$= A(x^4+2x^2+1) + B(x^4+x^2) + C(x^3+x) + Dx^2 + Ex$$

por igualdad de polinomios, igualando coeficientes, tendremos

x^4	:	A	+	B				=	0
x^3	:				C			=	0
x^2	:	$2A$	+	B		+ D		=	0
x	:				C		+ E	=	0
x^0	:	A						=	1

resolviendo el sistema de ec. lineales tendremos que $A=1$, $B=-1$, $C=0$, $D=-1$ y $E=0$, entonces

$$\int \frac{dx}{x(x^2+1)^2} = \int \left(\frac{1}{x} - \frac{x}{x^2+1} - \frac{x}{(x^2+1)^2}\right)dx$$

$$= \int \frac{1}{x}dx - \int \frac{x}{x^2+1}dx - \int \frac{x}{(x^2+1)^2}dx$$

$$= \ln|x| - \frac{1}{2}\ln|x^2+1| - \frac{1}{2(x^2+1)} + C$$

$$\therefore \int \frac{dx}{x(x^2+1)^2} = \ln|x| - \frac{1}{2}\ln|x^2+1| - \frac{1}{2(x^2+1)} + C$$

CAPÍTULO 4. INTEGRACIÓN DE FUNCIONES RACIONALES POR MEDIO DE FRACCIONES PARCIALES

7. Evalúe $\int \dfrac{\sqrt{x+1}}{x} dx$

   Solución

   Fíjese que no podemos aplicar descomposición en fracciones parciales al integrando, por lo que procederemos a usar una sustitución;
   sea $u^2 = x + 1$, entonces $x = u^2 - 1$ y de aqui que $dx = 2udu$, entonces

   $$\int \frac{\sqrt{x+1}}{x} dx = 2 \int \frac{u^2}{u^2 - 1} du$$

   ahora, dividiendo el integrando tenemos

   $$\frac{u^2}{u^2 - 1} = 1 + \frac{1}{u^2 - 1}$$

   descomponiendo en fracciones parciales el segundo termino del lado derecho

   $$\frac{1}{u^2 - 1} = \frac{1}{(u-1)(u+1)} = \frac{A}{x-1} + \frac{B}{x+1}$$

   multiplicando ambos lado de la igualdad por $(u+1)(u-1)$ tendremos

   $$1 = A(u+1) + B(u-1)$$

   usando el método de Heaviside
   si $u = 1$, entonces $A = 1/2$ y si $u = -1$, entonces $B = -1/2$

   entonces

   $$\begin{aligned}
   \int \frac{\sqrt{x+1}}{x} dx &= 2 \int \frac{u^2}{u^2 - 1} du = 2 \int \left(1 + \frac{1}{u^2 - 1}\right) du \\
   &= 2 \int du + 2 \int \left(\frac{1/2}{u-1} - \frac{1/2}{u+1}\right) du \\
   &= 2 \int du + \int \frac{1}{u-1} du - \int \frac{1}{u+1} du \\
   &= 2u + \ln|u-1| - \ln|u+1| + C \\
   &= 2\sqrt{x+1} + \ln\left|\frac{\sqrt{x+1}-1}{\sqrt{x+1}+1}\right| + C \\
   \therefore \int \frac{\sqrt{x+1}}{x} dx &= 2\sqrt{x+1} + \ln\left|\frac{\sqrt{x+1}-1}{\sqrt{x+1}+1}\right| + C
   \end{aligned}$$

8. Evalúe $\int \dfrac{dx}{\sqrt{x}(x^{1/6} - 1)}$

Solución

Fijese que no podemos aplicar descomposición en fracciones parciales al integrando, por lo que procederemos a usar una sustitución;
sea $u^6 = x$, entonces $dx = 6u^5 du$, entonces

$$\int \dfrac{1}{\sqrt{x}(x^{1/6} - 1)} dx = 6 \int \dfrac{u^2}{u^2 - 1} du$$

ahora, dividiendo el integrando tenemos

$$\dfrac{u^2}{u^2 - 1} = 1 + \dfrac{1}{u^2 - 1}$$

descomponiendo en fracciones parciales el segundo termino del lado derecho

$$\dfrac{1}{u^2 - 1} = \dfrac{1}{(u-1)(u+1)} = \dfrac{A}{x-1} + \dfrac{B}{x+1}$$

multiplicando ambos lado de la igualdad por $(u+1)(u-1)$ tendremos

$$1 = A(u+1) + B(u-1)$$

usando el método de Heaviside
si $u = 1$, entonces $A = 1/2$ y si $u = -1$, entonces $B = -1/2$

entonces

$$\begin{aligned}
\int \dfrac{1}{\sqrt{x}(x^{1/6} - 1)} dx &= 6 \int \dfrac{u^2}{u^2 - 1} du = 6 \int \left(1 + \dfrac{1}{u^2 - 1}\right) du \\
&= 6 \int du + 6 \int \left(\dfrac{1/2}{u-1} - \dfrac{1/2}{u+1}\right) du \\
&= 6 \int du + 3 \int \dfrac{1}{u-1} du - 3 \int \dfrac{1}{u+1} du \\
&= 6u + 3 \ln|u-1| - 3 \ln|u+1| + C \\
&= 6\sqrt[6]{x} + 3 \ln\left|\dfrac{\sqrt[6]{x} - 1}{\sqrt[6]{x} + 1}\right| + C \\
\therefore \int \dfrac{1}{\sqrt{x}(x^{1/6} - 1)} dx &= 6\sqrt[6]{x} + 3 \ln\left|\dfrac{\sqrt[6]{x} - 1}{\sqrt[6]{x} + 1}\right| + C
\end{aligned}$$

CAPÍTULO 4. INTEGRACIÓN DE FUNCIONES RACIONALES POR MEDIO DE FRACCIONES PARCIALES

9. Evalúe $\displaystyle\int \frac{dx}{x(x+1)(x+2)(x+3)\ldots(x+m)}$

   Solución

   La descomposición en fracciones parciales del integrando es

   $$\frac{1}{x(x+1)(x+2)(x+3)\ldots(x+m)} = \frac{A}{x} + \frac{B}{x+1} + \frac{C}{x+2} + \frac{D}{x+3} + \ldots + \frac{Z}{x+m}$$

   multiplicando ambos miembro de la igualdad por $x(x+1)(x+2)(x+3)\ldots(x+m)$ tendremos

   $$\begin{aligned}1 =\ & A(x+1)(x+2)(x+3)\ldots(x+m) + Bx(x+2)(x+3)\ldots(x+m) \\ & + Cx(x+1)(x+3)\ldots(x+m) + Dx(x+1)(x+2)\ldots(x+m) \\ & + \ldots + Zx(x+1)(x+2)(x+3)\ldots(x+m-1)\end{aligned}$$

   usando el método de Heaviside tendremos que

   Si $x = 0$, entonces

   $$1 = A(1 \cdot 2 \cdot 3 \cdot \ldots \cdot m) \Longrightarrow (m!)A = 1 \Longrightarrow A = \frac{1}{m!}$$

   Si $x = -1$, entonces

   $$1 = B(-1\cdot)(1 \cdot 2 \cdot 3 \cdot \ldots \cdot (m-1)) \Longrightarrow -(m-1)!B = 1$$

   $$\Longrightarrow B = -\frac{1}{(m-1)!}$$

   Si $x = -2$, entonces

   $$1 = C(-1)(-2)(1 \cdot 2 \cdot 3 \cdot \ldots \cdot (m-2)) \Longrightarrow 2(m-2)!C = 1$$

   $$\Longrightarrow C = \frac{1}{2(m-2)!}$$

   Si $x = -3$, entonces

   $$1 = D(-1)(-2)(-3)(1 \cdot 2 \cdot 3 \cdot \ldots \cdot (m-3)) \Longrightarrow -6(m-3)!D = 1$$

   $$\Longrightarrow D = -\frac{1}{6(m-3)!}$$

   $\vdots$

Si $x = -m$, **entonces**

$$1 = Z(-m)(1-m)(2-m)(3-m)\ldots\cdot(-1) \implies (-1)^n n!(m-n)!Z = 1$$

$$\implies Z = \frac{(-1)^n}{n!(m-n)!} \quad n, m \in \mathbb{N}$$

entonces

$$\frac{1}{x(x+1)(x+2)(x+3)\ldots(x+m)} = \frac{1}{m!x} - \frac{1}{(m-1)!(x+1)}$$
$$+ \frac{1}{2(m-2)!(x+2)}$$
$$- \frac{1}{6(m-3)!(x+3)} + \ldots$$
$$+ \frac{(-1)^n}{n!(m-n)!(x+m)}$$

entonces

$$\int \frac{1}{x(x+1)(x+2)(x+3)\ldots(x+m)} dx$$

$$= \frac{1}{m!}\int \frac{1}{x}dx - \frac{1}{(m-1)!}\int \frac{1}{(x+1)}dx + \frac{1}{2(m-2)!}\int \frac{1}{(x+2)}dx$$
$$- \frac{1}{6(m-3)!}\int \frac{1}{(x+3)} + \ldots + \frac{(-1)^n}{n!(m-n)!}\int \frac{1}{(x+m)}dx$$

entonces

$$\int \frac{1}{x(x+1)(x+2)(x+3)\ldots(x+m)} dx$$

$$= \frac{1}{m!}\ln|x| - \frac{1}{(m-1)!}ln|x+1| + \frac{1}{2(m-2)!}ln|x+2|$$
$$- \frac{1}{6(m-3)!}ln|x+3| + \ldots + \frac{(-1)^n}{n!(m-n)!}ln|x+m| + C$$

10. Evalúe $\int \dfrac{9x^2+13x-6}{(x-1)(x+1)^2}dx$

Solución

La descomposición en fracciones parciales del integrando es

$$\dfrac{9x^2+13x-6}{(x-1)(x+1)^2} = \dfrac{A}{(x+1)^2} + \dfrac{B}{x+1} + \dfrac{C}{x-1}$$

multiplicando por $(x-1)(x+1)^2$

$$9x^2+13x-6 = A(x-1) + B(x^2-1) + C(x+1)^2$$
$$= (B+C)x^2 + (2C+A)x + (C-A-B)$$

entonces por igualdad de polinomios

$$\begin{array}{rlrrrrrl} x^2 & : & & B & + & C & = & 9 \\ x & : & A & & + & 2C & = & 13 \\ x^0 & : & -A & - & B & + & C & = & -6 \end{array}$$

resolviendo el sistema de ecuaciones tendremos $A=B=5$ y $C=4$ por lo que

$$\dfrac{9x^2+13x-6}{(x-1)(x+1)^2} = \dfrac{5}{(x+1)^2} + \dfrac{5}{x+1} + \dfrac{4}{x-1}$$

entonces

$$\int \dfrac{9x^2+13x-6}{(x-1)(x+1)^2}dx = \int \dfrac{5}{(x+1)^2}dx + \int \dfrac{5}{x+1}dx + \int \dfrac{4}{x-1}dx$$

$$= -\dfrac{5}{(x+1)} + 5\ln|x+1| + 4\ln|x-1| + C$$

$$\int \dfrac{9x^2+13x-6}{(x-1)(x+1)^2}dx = -\dfrac{5}{(x+1)} + \ln|(x+1)^5(x-1)^4| + C$$

Capítulo 5

Expresión racional de seno y coseno

Si el integrando es una función racional de $\sin x$ y $\cos x$ se puede reducir a una función racional de z mediante la sustitución $z = \tan \frac{x}{2}$

Con la finalidad de encontrar para el $\sin x$ y $\cos x$ en terminos de z se procede como sigue teniendo en cuenta que

$$\sin x = 2 \sin \frac{x}{2} \cos \frac{x}{2}$$

$$\cos x = 2 \cos^2 \frac{x}{2} - 1$$

Entonces se tiene que

$$\begin{aligned}\sin x = 2 \sin \frac{x}{2} \cos \frac{x}{2} &= 2 \frac{\sin(x/2)}{\cos(x/2)} \cos^2(x/2) = 2 \tan(x/2) \frac{1}{\sec^2(x/2)} \\ &= 2 \tan(x/2) \frac{1}{1 + \tan^2(x/2)} = \frac{2z}{1 + z^2} \\ \therefore \sin x &= \frac{2z}{1 + z^2}\end{aligned}$$

ahora de igual modo

$$\cos x = 2 \cos^2 \frac{x}{2} - 1 = \frac{2}{\sec^2(x/2)} - 1 = \frac{2}{1 + \tan^2(x/2)} - 1 = \frac{2}{1 + z^2} - 1$$

$$\therefore \cos x = \frac{1 - z^2}{1 + z^2}$$

por último si $z = \tan\frac{x}{2}$, entonces $x = 2\tan^{-1} z$ por lo que

$$dx = \frac{2dz}{1+z^2}$$

Ejercicios Resueltos

1. Evalúe $\int \dfrac{dx}{1+\sin x - \cos x}$

   Solución

   haciendo el cambio

   $$\sin x = \frac{2z}{1+z^2}, \quad \cos x = \frac{1-z^2}{1+z^2} \quad \text{y} \quad dx = \frac{2dz}{1+z^2}$$

   entonces

   $$\int \frac{dx}{1+\sin x - \cos x} = \int \frac{\frac{2dz}{1+z^2}}{1 + \frac{2z}{1+z^2} - \frac{1-z^2}{1+z^2}} = \int \frac{\frac{2dz}{1+z^2}}{\frac{1+z^2+2z-1+z^2}{1+z^2}}$$

   $$= \int \frac{2dz}{2z^2+2z} = \int \frac{dz}{z(z+1)}$$

   descomponiendo $1/z(z+1)$ en fracciones simples

   $$\frac{1}{z(z+1)} = \frac{A}{z} + \frac{B}{z+1} \implies 1 = A(z+1) + Bz$$

   aplicando Heaviside se tiene que $A = 1$ y $B = -1$ por lo que

   $$\int \frac{dx}{1+\sin x - \cos x} = \int \frac{dz}{z(z+1)} = \int \frac{dz}{z} - \int \frac{dz}{z+1}$$

   $$= \ln|z| - \ln|z+1| + C = \ln\left|\frac{z}{z+1}\right| + C$$

   $$= \ln\left|\frac{\tan(x/2)}{\tan(x/2)+1}\right| + C$$

CAPÍTULO 5. EXPRESIÓN RACIONAL DE SENO Y COSENO

por tanto
$$\int \frac{dx}{1+\sin x - \cos x} = \ln\left|\frac{\tan(x/2)}{\tan(x/2)+1}\right| + C$$

2. Evalúe $\int \sec x\, dx$

Solución

Fijese que
$$\int \sec x\, dx = \int \frac{dx}{\cos x}$$

ahora no que
$$\sec x = \frac{1}{\cos x} = \frac{1+z^2}{1-z^2} \text{ y } dx = \frac{2dz}{1+z^2}$$

entonces
$$\int \sec x\, dx = \int \left(\frac{1+z^2}{1-z^2}\right) \frac{2dz}{1+z^2} = \int \frac{2dz}{1-z^2} = \int \frac{2dz}{(1-z)(1+z)}$$

descomponiendo $2/(1-z)(1+z)$ en fracciones
$$\frac{2}{(1-z)(1+z)} = \frac{A}{1-z} + \frac{B}{1+z} \Longrightarrow 2 = A(1+z) + B(1-z)$$

aplicando Heaviside tendremos que $A = B = 1$, entonces
$$\int \sec x\, dx = \int \frac{dz}{1-z} + \int \frac{dz}{1+z} = \ln|1-z| + \ln|1+z| + C$$
$$= \ln|(1-z)(1+z)|\, C = \ln|1-z^2| + C$$

por tanto
$$\int \sec x\, dx = \ln\left|1 - \tan^2 \frac{x}{2}\right| + C$$

3. Evalúe $\int \dfrac{dx}{\sin x - \cos x}$

Solución

Tomando las sustituciones correspondientes

$$\sin x = \frac{2z}{1+z^2}, \quad \cos x = \frac{1-z^2}{1+z^2} \quad \text{y} \quad dx = \frac{2dz}{1+z^2}$$

entonces

$$\int \frac{dx}{\sin x - \cos x} = \int \frac{\frac{2dz}{1+z^2}}{\frac{2z}{1+z^2} - \frac{1-z^2}{1+z^2}} = \int \frac{\frac{2dz}{1+z^2}}{\frac{z^2+2z-1}{1+z^2}} = \int \frac{2dz}{z^2+2z-1}$$

fíjese que $z^2 + 2z - 1 = (z+1-\sqrt{2})(z+1+\sqrt{2})$

$$\int \frac{dx}{\sin x - \cos x} = \int \frac{2dz}{(z+1-\sqrt{2})(z+1+\sqrt{2})}$$

descomponiendo $2/(z+1-\sqrt{2})(z+1+\sqrt{2})$ en fracciones parciales

$$\frac{2}{(z+1-\sqrt{2})(z+1+\sqrt{2})} = \frac{A}{(z+1-\sqrt{2})} + \frac{B}{(z+1+\sqrt{2})}$$

entonces

$$2 = A(z+1+\sqrt{2}) + B(z+1-\sqrt{2})$$

aplicando Heaviside se tendra que $A = \sqrt{2}/2$ y $B = -\sqrt{2}/2$, por lo que

$$\int \frac{dx}{\sin x - \cos x} = \frac{\sqrt{2}}{2} \int \frac{dz}{(z+1-\sqrt{2})} - \frac{\sqrt{2}}{2} \int \frac{dz}{(z+1+\sqrt{2})}$$

$$= \frac{\sqrt{2}}{2} \ln|z+1-\sqrt{2}| - \frac{\sqrt{2}}{2} \ln|z+1+\sqrt{2}| + C$$

$$= \frac{\sqrt{2}}{2} \ln\left|\frac{z+1-\sqrt{2}}{z+1+\sqrt{2}}\right| + C = \frac{\sqrt{2}}{2} \ln\left|\frac{\tan(x/2)+1-\sqrt{2}}{\tan(x/2)+1+\sqrt{2}}\right| + C$$

CAPÍTULO 5. EXPRESIÓN RACIONAL DE SENO Y COSENO

por tanto

$$\int \frac{dx}{\sin x - \cos x} = \frac{\sqrt{2}}{2} \ln \left| \frac{\tan(x/2) + 1 - \sqrt{2}}{\tan(x/2) + 1 + \sqrt{2}} \right| + C$$

4. Evalúe $\displaystyle\int \frac{dx}{\cos^2 x + 3\sin^2 x}$

Solución

Tomemos una sustitución diferente pero que se deduce de las misma forma que la sustitución anterior, si $z = \tan x$, entonces

$$dz = \sec^2 x\, dx = (1 + \tan^2 x)dx = (1 + z^2)dx$$

de donde

$$dz = (1 + z^2 x)dx \Longrightarrow dx = \frac{dz}{1 + z^2}$$

por otro lado si $z = \tan x$, entonces

$$\sin x = \frac{z}{\sqrt{1 + z^2}} \quad \text{y} \quad \cos x = \frac{1}{\sqrt{1 + z^2}}$$

de donde tendremos que

$$\begin{aligned}
\int \frac{dx}{\cos^2 x + 3\sin^2 x} &= \int \frac{1}{\left(\frac{1}{\sqrt{1+z^2}}\right)^2 - 3\left(\frac{z}{\sqrt{1+z^2}}\right)^2} \frac{1}{1+z^2} dz \\
&= \int \frac{1}{\frac{1}{1+z^2} - 3\frac{z^2}{1+z^2}} \frac{1}{1+z^2} dz \\
&= \int \frac{1}{\frac{1+3z^2}{1+z^2}} \frac{1}{1+z^2} dz = \int \frac{dz}{1+3z^2} \\
&= \frac{1}{\sqrt{3}} \int \frac{\sqrt{3}dz}{1+(\sqrt{3}z)^2} = \frac{\sqrt{3}}{3} \arctan(\sqrt{3}z) + C
\end{aligned}$$

por tanto

$$\int \frac{dx}{\cos^2 x + 3\sin^2 x} = \frac{\sqrt{3}}{3} \arctan(\sqrt{3}\tan x) + C$$

5. Evalúe $\int \dfrac{dx}{2 - \cos x}$

Solución

Tomando las sustituciones correspondientes

$$\sin x = \frac{2z}{1+z^2}, \quad \cos x = \frac{1-z^2}{1+z^2} \quad \text{y} \quad dx = \frac{2dz}{1+z^2}$$

tendremos que

$$\int \frac{dx}{2-\cos x} = \int \frac{\frac{2dz}{1+z^2}}{2 - \frac{1-z^2}{1+z^2}} = \int \frac{\frac{2dz}{1+z^2}}{\frac{2+2z^2-1+z^2}{1+z^2}}$$

$$\int \frac{dx}{2-\cos x} = \int \frac{2dz}{3z^2+1} = \frac{2}{3}\int \frac{dz}{z^2 + \frac{1}{3}}$$

de donde se tiene que

$$\frac{2}{3}\int \frac{dz}{z^2 + \frac{1}{3}} = \frac{2\sqrt{3}}{3}\arctan(\sqrt{3}z) + C$$

entonces

$$\int \frac{dx}{2-\cos x} = \frac{2}{\sqrt{3}}\arctan\left(\sqrt{3}\tan(x/2)\right) + C$$

CAPÍTULO 5. EXPRESIÓN RACIONAL DE SENO Y COSENO

6. Evalúe $\int \dfrac{\sin x\, dx}{1 - \sin^2 x}$

Solución

Tomando la sustituciones adecuadas

$$\sin x = \frac{2z}{1+z^2}, \quad \text{y} \quad dx = \frac{2dz}{1+z^2}$$

tendremos

$$\int \frac{\sin x\, dx}{1+\sin^2 x} = \int \frac{\dfrac{2z}{1+z^2}}{1+\left(\dfrac{2z}{1+z^2}\right)^2} \frac{dz}{1+z^2} = \int \frac{4z\, dz}{\left(1+\dfrac{4z^2}{(1+z^2)^2}\right)(1+z^2)}$$

$$= \int \frac{4z\, dz}{\left(\dfrac{(1+z^2)^2+4z^2}{(1+z^2)^2}\right)(1+z^2)^2} = \int \frac{4z\, dz}{(1+z^2)^2+4z^2}$$

$$= \int \frac{4z\, dz}{1+2z^2+z^4+4z^2} = \int \frac{4z\, dz}{z^4+6z^2+1}$$

puede verificarse que

$$z^4 + 6z^2 + 1 = (z^2 + 3 - 2\sqrt{2})(z^2 + 3 + 2\sqrt{2})$$

entonces

$$\int \frac{4z\, dz}{z^4+6z^2+1} = \int \frac{4z\, dz}{(z^2+3-2\sqrt{2})(z^2+3+2\sqrt{2})}$$

descomponiendo en fracciones parciales el integrando

$$\frac{4z}{(z^2+3-2\sqrt{2})(z^2+3+2\sqrt{2})} = \frac{Az+B}{z^2+3-2\sqrt{2}} + \frac{Cz+D}{z^2+3+2\sqrt{2}}$$

entonces

$$4z = (Az+B)(z^2+3-2\sqrt{2}) + (Cz+D)(z^2+3+2\sqrt{2})$$

$$4z = Az^3 + (3-2\sqrt{2})Az + Bz^2 + (3-2\sqrt{2})B + Cz^3 + (3+2\sqrt{2})Cz + Dz^2 + (3+2\sqrt{2})D$$

por igualdad de polinomios

$$\begin{array}{rcrcrcrcl}
A & & & + & C & & & = & 0 \\
& & B & & & + & D & = & 0 \\
(3-2\sqrt{2})A & & & + & (3+2\sqrt{2})C & & & = & 4 \\
& & (3-2\sqrt{2})B & & & + & (3+2\sqrt{2})D & = & 0
\end{array}$$

resolviendo el sistema se tiene que
$$A = -1/\sqrt{2} \quad B = 0 \quad C = 1/\sqrt{2} \quad \text{y} \quad D = 0$$

entonces
$$\frac{4z}{(z^2+3-2\sqrt{2})(z^2+3+2\sqrt{2})} = -\frac{1}{\sqrt{2}}\frac{z}{z^2+3-2\sqrt{2}} + \frac{1}{\sqrt{2}}\frac{z}{z^2+3+2\sqrt{2}}$$

por lo que
$$\int \frac{4zdx}{(z^2+3-2\sqrt{2})(z^2+3+2\sqrt{2})} = -\frac{1}{\sqrt{2}}\int \frac{zdz}{z^2+3-2\sqrt{2}} + \frac{1}{\sqrt{2}}\int \frac{zdz}{z^2+3+2\sqrt{2}}$$

entonces tomando sustitución en cada denominador resspectivamente se tiene que

$$\int \frac{4zdz}{z^4+6z^2+1} = -\frac{1}{2\sqrt{2}}\ln|z^2+3+2\sqrt{2}| + \frac{1}{2\sqrt{2}}\ln|z^2+3-2\sqrt{2}| + C$$

$$\int \frac{4zdz}{z^4+6z^2+1} = \frac{1}{2\sqrt{2}}\ln\left|\frac{z^2+3-2\sqrt{2}}{z^2+3+2\sqrt{2}}\right| + C$$

sustituyendo $z = \tan(x/2)$ se tiene que

$$\int \frac{\sin x dx}{1+\sin^2 x} = \frac{1}{2\sqrt{2}}\ln\left|\frac{\tan^2(x/2)+3-2\sqrt{2}}{\tan^2(x/2)+3+2\sqrt{2}}\right| + C$$

7. Evalúe $\int \frac{1}{3\sin x + 2\cos x + 3}dx$

Solución

Fijese que tomandi la sustitución adecuada tendremos
$$\sin x = \frac{2z}{1+z^2}, \quad \cos x = \frac{1-z^2}{1+z^2} \quad \text{y} \quad dx = \frac{2dz}{1+z^2}$$

$$\int \frac{1}{3\sin x + 2\cos x + 3} dx = \int \frac{2}{(z^2+1)\left(\dfrac{6z}{z^2+1} + \dfrac{2(1-z^2)}{z^2+1} + 3\right)} dz$$

$$= \int \frac{2}{z^2+6z+5} dz = 2\int \frac{1}{(z+3)^2 - 4} dz$$

tomando ahora la sustitución $y = z+3$, entonces $dy = dz$

$$2\int \frac{1}{(z+3)^2 - 4} = 2\int \frac{dy}{y^2-4} = 2\int -\frac{1}{4\left(1-\dfrac{y^2}{4}\right)} dy$$

$$= -\frac{1}{2}\int \frac{1}{1-\dfrac{y^2}{4}} dy = -\tanh^{-1}(y) + C$$

por lo que

$$2\int \frac{1}{(z+3)^2 - 4} = -\tanh^{-1}(z+3) + C$$

por tanto

$$\int \frac{1}{3\sin x + 2\cos x + 3} dx = -\tanh^{-1}(\tan(x/2) + 3) + C$$

Capítulo 6

Integración de diferencias binomicas

Se le llama integral de diferencias bimiales a la integral de la forma

$$\int x^m(a+bx^n)^p dx \qquad (1)$$

donde m, n y $p \in \mathbb{Q}$ y los coeficientes a y $b \in \mathbb{R}$.

Si tomamos $x^n = t$, entonces $x = t^{1/n}$ por lo que $dx = \frac{1}{n}t^{\frac{1}{n}-1}dt$ de donde se tendra que

$$\int x^m(a+bx^n)^p dx = \frac{1}{n}\int t^{\frac{m+1}{n}-1}(a+bt)^p dt$$

Estas integrales se pueden expresar en términos de funciones elementales en los siguientes casos:

(1) Si $p \in \mathbb{Z}$, entonces la sustitución adecuada $x = t^s$, con s el mínimo común múltiplo de los denominadores de m y n, convierte la integral (1) en una integral racional.

(2) Si $\dfrac{m+1}{n} \in \mathbb{Z}$, entonces, la sustitución $a + bx^n = t^s$, siendo s el denominador de la fracción p, convierte la integrado (1) en una integral racional.

(3) Si $p + \frac{m+1}{n} \in \mathbb{Z}$, entonces la sustitución $a + bx^{-n} = t^s$, siendo s el denominador de la fracción p, convierte la integral (1) en una integral racional.

Esto es llamado el Teorema de Chebyshov sobre diferenciales binomiales.

Ejercicios resueltos

1. Evalúe $\displaystyle\int \frac{dx}{\sqrt{x}\,(\sqrt[4]{x}+1)^{10}}$

Solución

Fíjese que

$$\int \frac{dx}{\sqrt{x}\,(\sqrt[4]{x}+1)^{10}} = \int x^{-1/2}\left(1+x^{1/4}\right)^{-10} dx$$

se puede observar que $m = -1/2$, $n = 1/4$ y $p = -10$, como p es un número entero, tenemos el caso (1), por lo que tomando el mínimo común múltiplo entre m y n que es 4 se tiene que el cambio es

$$x = t^4 \implies dx = 4t^3 dt$$

entonces sustituyendo

$$\begin{aligned}
\int \frac{dx}{\sqrt{x}\,(\sqrt[4]{x}+1)^{10}} &= \int x^{-1/2}\left(1+x^{1/4}\right)^{-10} dx \\
&= \int t^{-2}(1+t)^{-10} 4t^3 dt = 4\int \frac{t\,dt}{(t+1)^{10}} \\
&= 4\int \frac{(t+1)-1}{(t+1)^{10}} dt = 4\left(\int (t+1)^{-9} dt - \int (t+1)^{-10} dt\right) \\
&= 4\left(-\frac{1}{8(t+1)^8} + \frac{1}{9(t+1)^9}\right) + C \\
&= \frac{4}{(t+1)^8}\left(\frac{1}{9(t+1)} - \frac{1}{8}\right) + C \\
&= \frac{4}{(t+1)^8}\left(\frac{8 - 9(t+1)}{72(t+1)}\right) + C = \frac{1}{18}\frac{-9t-1}{(t+1)^9} + C
\end{aligned}$$

sustituyendo $t = \sqrt[4]{x}$ se tiene que

$$\int \frac{dx}{\sqrt{x}\,(\sqrt[4]{x}+1)^{10}} = -\frac{9\sqrt[4]{x}+1}{18\left(\sqrt[4]{x}+1\right)^9} + C$$

CAPÍTULO 6. INTEGRACIÓN DE DIFERENCIAS BINOMICAS

2. Evalúe $\int \dfrac{x^3 dx}{(a^2 - x^2)^{3/2}}$

   Solución

   Fijese que

   $$\int \frac{x^3 dx}{(a^2 - x^2)^{3/2}} = \int x^3 \left(a^2 - x^2\right)^{-3/2} dx$$

   observese que $m = 3$, $n = 2$ y $p = -3/2$, como p no es entero y $\frac{m+1}{n} = \frac{4}{2} = 2$ tenemos el caso (2), como el denominador de p es 2 entonces la sustitución adecuada es

   $$a^2 - x^2 = t^2 \implies -2x\,dx = 2t\,dt$$

   por lo que

   $$\int \frac{x^3 dx}{(a^2 - x^2)^{3/2}} = \int x^2(a^2 - x^2)^{-3/2} x\,dx = \int (a^2 - t^2) t^{-3}(-t\,dt)$$
   $$= \int (1 - a^2 t^{-2})\,dt = t + \frac{a^2}{t} + C = \frac{t^2 + a^2}{t} + C$$

   sustituyendo t se tiene que

   $$\int \frac{x^3 dx}{(a^2 - x^2)^{3/2}} = \frac{2a^2 - x^2}{\sqrt{a^2 - x^2}} + C$$

3. Evalúe $\int \dfrac{dx}{x^4 \sqrt{1 + x^2}}$

   Solución

   Tenemos que

   $$\int \frac{dx}{x^4 \sqrt{1 + x^2}} = \int x^{-4} \left(1 + x^2\right)^{-1/2} dx$$

   observese que $m = -4$, $n = 2$ y $p = -1/2$, al ser p racional y $\frac{m+1}{n} + p = -2$, entonces tenemos el caso (3) por lo que la sustitución recomendada es

   $$x^{-2} + 1 = t^2 \implies -x^{-3} dx = t\,dt$$

   si $x^{-2} + 1 = t^2$ entonces

$$t = \sqrt{1+x^{-2}} = \sqrt{1+\frac{1}{x^2}} = \frac{\sqrt{x^2+1}}{x}$$

entonces tendremos que y luego sustituyendo

$$\begin{aligned}\int \frac{dx}{x^4\sqrt{1+x^2}} &= \int x^{-4}\left(x^2(x^{-2}+1)\right)^{-1/2}dx = \int x^{-5}\left(x^{-2}+1\right)^{-1/2}dx \\ &= \int x^{-2}\left(x^{-2}+1\right)^{-1/2}(x^{-3}dx) = \int (t^2-1)t^{-1}(-tdt) \\ &= \int (1-t^2)\,dt = t - \frac{t^3}{3} + C = t\left(1-\frac{t^2}{3}\right) + C\end{aligned}$$

sustituyendo t tendremos que

$$\int \frac{dx}{x^4\sqrt{1+x^2}} = \frac{\sqrt{x^2+1}}{x}\left(1-\frac{x^2+1}{3x^2}\right) + C = \frac{(2x^2-1)\sqrt{x^2+1}}{3x^3} + C$$

por tanto

$$\int \frac{dx}{x^4\sqrt{1+x^2}} == \frac{(2x^2-1)\sqrt{x^2+1}}{3x^3} + C$$

4. Evalúe $\int \sqrt{1+x^2}\,dx$

Solución

Fijese que

$$\int \sqrt{1+x^2}\,dx = \int (1+x^2)^{1/2}dx$$

se puede observar que $m = 0$, $n = 2$ y $p = 1/2$, como p es racional y tenemos que $\frac{m+1}{n} + p \in \mathbb{Z} : \frac{0+1}{2} + \frac{1}{2} = 1$, entonces tenemos en el caso 3, por lo que la **sustitución adecuada es**

$$x^{-2} + 1 = t^2 \implies -\frac{dx}{x^3} = tdt$$

CAPÍTULO 6. INTEGRACIÓN DE DIFERENCIAS BINOMICAS

si $x^{-2} + 1 = t^2$ entonces

$$x = \frac{1}{\sqrt{t^2 - 1}}$$

y

$$t = \frac{\sqrt{1 + x^2}}{x}$$

fijese que si multipicamos y dividimos por x^4 la integral original entonces

$$\int \frac{x^4\sqrt{1 + x^2}dx}{x^4} = \int \frac{x^4\sqrt{1 + x^2}dx}{xx^3} = \int \frac{x^4\sqrt{1 + x^2}}{x}\frac{dx}{x^3}$$

sustituyendo

$$\int \frac{x^4\sqrt{1 + x^2}}{x}\frac{dx}{x^3} = \int \left(\frac{1}{\sqrt{t^2 - 1}}\right)^4 t(-tdt) = -\int \frac{t^2 dt}{(t^2 - 1)^2}$$

fijese que podemos aplicar el método de integración por partes a $-\int \frac{t^2 dt}{(t^2-1)^2}$ esto es tomando

$$u = t \implies du = dt$$

$$dv = \frac{-tdt}{(t^2 - 1)^2} \implies v = \frac{1}{2(t^2 - 1)}$$

$$\int \frac{-t^2 dt}{(t^2-1)^2} = \frac{t}{2(t^2-1)} - \frac{1}{2}\int \frac{dt}{t^2-1} = \frac{t}{2(t^2-1)} - \frac{1}{2}\frac{1}{2}\ln\left|\frac{t-1}{t+1}\right| + C$$

sustituyendo t

$$\int \sqrt{1+x^2}\,dx = \frac{\frac{\sqrt{1+x^2}}{x}}{2\left(\left(\frac{\sqrt{1+x^2}}{x}\right)^2 - 1\right)} - \frac{1}{4}\ln\left|\frac{\frac{\sqrt{1+x^2}}{x} - 1}{\frac{\sqrt{1+x^2}}{x} + 1}\right| + C$$

$$= \frac{\frac{\sqrt{1+x^2}}{x}}{2\left(\frac{1+x^2-x^2}{x^2}\right)} - \frac{1}{4}\ln\left|\frac{\sqrt{1+x^2}-x}{\sqrt{1+x^2}+x}\right| + C$$

$$= \frac{\sqrt{1+x^2}}{2x\left(\frac{1}{x^2}\right)} - \frac{1}{4}\ln\left|\frac{\sqrt{1+x^2}-x}{\sqrt{1+x^2}+x} \cdot \frac{\sqrt{1+x^2}-x}{\sqrt{1+x^2}-x}\right| + C$$

$$= \frac{x\sqrt{1+x^2}}{2} - \frac{1}{4}\ln\left|(\sqrt{1+x^2}-x)^2\right| + C$$

$$= \frac{x\sqrt{1+x^2}}{2} - \frac{1}{2}\ln\left|(\sqrt{1+x^2}-x)\right| + C$$

$$\therefore \int \sqrt{1+x^2}\,dx = \frac{x\sqrt{1+x^2}}{2} - \frac{1}{2}\ln\left|(\sqrt{1+x^2}-x)\right| + C$$

Bibliography

[1] George B. Thomas Jr. Cáculo una veriable. Addison-Wesley. 2010.

[2] Courant y John. Problemas de Cálculo y Análisis Matemático del Courant . Editorial Limusa. 2002.

[3] Ron Larson, Robert P. Hostetler y Buce H. Edwards. Cálculo con geometría analítica. McGaw-Hill Interamericana. Octava edición.

[4] Edwin J. Purcell, Dale Varberg y Steven E. Rigdon.Cálculo diferencial e integral.Pearson .Novena edición.

www.ingramcontent.com/pod-product-compliance
Lightning Source LLC
Chambersburg PA
CBHW020448220526
45464CB00002B/907